JN323288

機械系 教科書シリーズ 24

流体機械工学

博士(工学) 小池　勝 著

コロナ社

機械系 教科書シリーズ編集委員会

編集委員長	木本　恭司	（元大阪府立工業高等専門学校・工学博士）
幹　　　事	平井　三友	（大阪府立工業高等専門学校・博士(工学)）
編 集 委 員	青木　　繁	（東京都立産業技術高等専門学校・工学博士）
（五十音順）	阪部　俊也	（奈良工業高等専門学校・工学博士）
	丸茂　榮佑	（明石工業高等専門学校・工学博士）

(2007年3月現在)

刊行のことば

　大学・高専の機械系のカリキュラムは，時代の変化に伴い以前とはずいぶん変わってきました。

　一番大きな理由は，機械工学がその裾野を他分野に広げていく中で境界領域に属する学問分野が急速に進展してきたという事情にあります。例えば，電子技術，情報技術，各種センサ類を組み込んだ自動工作機械，ロボットなど，この間のめざましい発展が現在の機械工学の基盤の一つになっています。また，エネルギー・資源の開発とともに，省エネルギーの徹底化が緊急の課題となっています。最近では新たに地球環境保全の問題が大きくクローズアップされ，機械工学もこれを従来にも増して精神的支柱にしなければならない時代になってきました。

　このように学ぶべき内容が増えているにもかかわらず，他方では「ゆとりある教育」が叫ばれ，高専のみならず大学においても卒業までに修得すべき単位数が減ってきているのが現状です。

　私は1968年に高専に赴任し，現在まで三十数年間教育現場に携わってまいりました。当初に比べて最近では機械工学を専攻しようとする学生の目的意識と力がじつにさまざまであることを痛感しております。こうした事情は，大学をはじめとする高等教育機関においても共通するのではないかと思います。

　修得すべき内容が増える一方で単位数の削減と多様化する学生に対応できるように，「機械系教科書シリーズ」を以下の編集方針のもとで発刊することに致しました。

1. 機械工学の現分野を広く網羅し，シリーズの書目を現行のカリキュラムに則った構成にする。
2. 各書目においては基礎的な事項を精選し，図・表などを多用し，わかり

やすい教科書作りを心がける。
3. 執筆者は現場の先生方を中心とし，演習問題には詳しい解答を付け自習も可能なように配慮する。

現場の先生方を中心とした手作りの教科書として，本シリーズを高専はもとより，大学，短大，専門学校などで機械工学を志す方々に広くご活用いただけることを願っています。

最後になりましたが，本シリーズの企画段階からご協力いただいた，平井三友 幹事，阪部俊也，丸茂榮佑，青木繁の各委員および執筆を快く引き受けていただいた各執筆者の方々に心から感謝の意を表します。

2000年1月

編集委員長　木本　恭司

まえがき

　流体機械は身のまわりで非常に多く使われている。例えば，自動車ではエンジンの冷却ファン，空調用のシロッコファン，クーラーコンプレッサ，燃料ポンプ，冷却水ポンプ，パワステポンプ，パワステアクチュエータ，トルクコンバータ，ターボチャージャ，吸気用スーパーチャージャ（コンプレッサ）等等，流体機械のかたまりといってよいほどである。航空機ではプロペラ，ジェットエンジンなど，身近なところでは扇風機，エアコンのクロスフローファン，パソコンの冷却ファンなどがある。最近では1 cm以下のサイズのマイクロガスタービンが研究・開発されており，エネルギー密度が高いため携帯電話などの電源として期待されている。これが実用化されれば，充電する代わりに燃料を補充すれば電源が得られることになる。大型のものでは風車や発電所のガスタービンなどもある。

　これらを網羅的に解説するのは筆者には不可能であるし，設計のノウハウはこれらのメーカが蓄積しており，最先端の設計情報は一般には知られていない。本書は大学・高専の学生を対象に，流体機械に対する理論的アプローチを学習することをねらって書かれている。本書を学んでおけば，将来，流体機械の技術者になった場合，最先端の設計情報に触れたときに理解が速くなるだろうし，流体機械を使う立場になっても，その特性が理解しやすくなるだろう。

　本書を理解するためには，流体力学の基本的な知識を理解していることが前提となる。すなわち連続式，ベルヌーイの定理，運動量の法則，ナビエ・ストークスの方程式は理解しておく必要がある。

　本書が他の教科書と違う特徴としては，以下があげられる。
1. 数式はできるだけ基本から解説し，説明に飛躍がないようにした。
2. 揚力の発生原理をできるだけ厳密に解説した。

3. 翼の空力特性の実験データを系統的に解説した。特にレイノルズ数が低い場合は特性が大きく変化するが，世の中に出回っているデータが非常に少ないので，できるだけ詳細に解説した。
4. 音について解説した。流体力学の教科書には掲載されていないものが多いが，技術者になれば音とかかわる可能性が高いので，基本的なことを解説した。

本書はこのような特徴を持つので，学生だけでなく，現役の技術者にも役立つことが多いだろう。

2009年7月

著　者

目 次

1. 揚力の理論

1.1 複素速度ポテンシャル …………………………………………………… *1*
　1.1.1 複素速度ポテンシャルの定義 ………………………………………… *1*
　1.1.2 複素速度ポテンシャルによる各種流れ場の表現 …………………… *3*
1.2 物体が流れから受ける力 ………………………………………………… *8*
　1.2.1 円柱が流れから受ける力 ……………………………………………… *9*
　1.2.2 ブラジウスの公式 ……………………………………………………… *10*
　1.2.3 ブラジウスの公式による揚力の計算 ………………………………… *13*
　1.2.4 平板に作用する揚力 …………………………………………………… *15*
　1.2.5 出　発　渦 ……………………………………………………………… *22*
演習問題 ………………………………………………………………………… *24*

2. 3次元翼の理論

2.1 渦の基本的性質 …………………………………………………………… *25*
　2.1.1 ケルビンの循環定理 …………………………………………………… *25*
　2.1.2 ヘルムホルツの渦定理 ………………………………………………… *27*
2.2 揚力線理論 ………………………………………………………………… *29*
2.3 楕　円　翼 ………………………………………………………………… *34*
2.4 一般の3次元翼 …………………………………………………………… *37*
演習問題 ………………………………………………………………………… *38*

3. 翼の空力特性の実験データ

3.1 翼　　　型 ………………………………………………………………… *40*

目次

- 3.2 空力係数 …………………………………………………………… 40
- 3.3 NACA 4字系列の翼型 ………………………………………… 42
- 3.4 翼型の形状と空力特性の関係 ………………………………… 44
- 3.5 レイノルズ数の影響 …………………………………………… 46
  - 3.5.1 3 000 000 以上の場合 …………………………………… 46
  - 3.5.2 100 000〜3 000 000 の場合 …………………………… 47
  - 3.5.3 20 000〜200 000 の場合 ………………………………… 48
  - 3.5.4 20 000 以下の場合 ……………………………………… 51
  - 3.5.5 レイノルズ数依存性のまとめ ………………………… 53
- 演習問題 …………………………………………………………………… 55

4. プロペラ

- 4.1 パラメータの定義 ……………………………………………… 56
- 4.2 単純運動量理論 ………………………………………………… 58
- 4.3 一般運動量理論と翼素理論 …………………………………… 62
  - 4.3.1 運動量の方程式 ………………………………………… 63
  - 4.3.2 誘導速度と循環の関係 ………………………………… 65
  - 4.3.3 翼素理論と運動量理論の組合せ ……………………… 67
  - 4.3.4 推力係数，パワー係数の計算 ………………………… 69
- 4.4 最適ブレード形状の計算方法 ………………………………… 70
- 4.5 ブレード形状が与えられた場合の空力特性の計算方法 …… 73
- 4.6 具体的な計算例 ………………………………………………… 75
  - 4.6.1 最適形状 ………………………………………………… 75
  - 4.6.2 形状が与えられた場合 ………………………………… 78
- 演習問題 …………………………………………………………………… 81

5. 風車

- 5.1 パラメータの定義 ……………………………………………… 82
- 5.2 単純運動量理論 ………………………………………………… 83

目次

- 5.3 一般運動量理論と翼素理論 ································· 86
  - 5.3.1 運動量理論による抵抗とトルク ······················ 86
  - 5.3.2 循環の方程式 ·· 87
  - 5.3.3 翼素理論と運動量理論の組合せ ······················ 89
  - 5.3.4 抵抗係数，パワー係数の計算 ························ 90
  - 5.3.5 ブレードの形状を決めるための式 ···················· 91
- 5.4 最適な風車の設計方法 ·· 92
- 5.5 ブレード形状が与えられた場合の空力特性の計算方法 ········ 94
- 5.6 具体的な計算例 ·· 96
  - 5.6.1 最適形状 ··· 96
  - 5.6.2 形状が与えられた場合 ································ 99
- 演習問題 ··· 103

6. 送風機，ポンプ

- 6.1 送風機の特性 ··· 104
- 6.2 ポンプの特性 ··· 107
- 6.3 遠心送風機・ポンプの作動原理 ······························· 109
- 6.4 軸流送風機・ポンプの作動原理 ······························· 112
- 6.5 流体機械の相似則 ·· 116
- 6.6 管内の圧力損失 ··· 118
- 演習問題 ··· 120

7. 流体機械の騒音

- 7.1 音波の理論 ··· 121
  - 7.1.1 運動方程式 ··· 121
  - 7.1.2 体積変化の記述 ······································· 123
  - 7.1.3 波動方程式 ··· 124
  - 7.1.4 平面音波 ··· 124
  - 7.1.5 球面音波 ··· 127
  - 7.1.6 正弦音波 ··· 128

7.2 共　　　　鳴 ……………………………………………… *129*
　7.2.1 気 柱 共 鳴 ……………………………………… *129*
　7.2.2 ヘルムホルツの空洞共鳴 ……………………… *131*
7.3 音圧レベルと音の強さ ………………………………… *132*
　7.3.1 音 圧 レ ベ ル ……………………………………… *132*
　7.3.2 音のエネルギー ……………………………… *133*
　7.3.3 音 の 強 さ ……………………………………… *134*
7.4 空 力 騒 音 ……………………………………………… *135*
　7.4.1 空力騒音の種類と発生メカニズム ………… *135*
　7.4.2 空力騒音の理論 ……………………………… *140*
演 習 問 題 ……………………………………………………… *146*

引用・参考文献 ……………………………………… *147*

演 習 問 題 解 答 ……………………………………… *149*

索　　　　引 ……………………………………………… *158*

1

揚 力 の 理 論

　送風機やタービンなどの流体機械は翼の揚力を利用している。揚力とは，物体がまわりの流体から受ける主流に直角方向の力である。逆に，流体は物体から同じ強さの力を受ける。この揚力が機械と流体の間のエネルギー授受の原動力になっている。したがって，揚力の発生原理と実際の現象を理解することが，流体機械を使う場合や性能を分析し設計する場合に，重要な基礎知識となる。

1.1 複素速度ポテンシャル

1.1.1 複素速度ポテンシャルの定義

　ここでは揚力の発生機構を理解するために必要な基礎的な理論を概説する。**2次元流れ**（2-dimensional flow），**非粘性**（inviscid），**渦なし**（irrotational）を仮定すると**速度ポテンシャル**（velocity potential）ϕ と**流れ関数**（stream function）ψ が定義できて，x 方向および y 方向の速度 $u(x,y)$，$v(x,y)$ は次式で表される。

$$u=\frac{\partial \phi}{\partial x}=\frac{\partial \psi}{\partial y}, \qquad v=\frac{\partial \phi}{\partial y}=-\frac{\partial \psi}{\partial x} \tag{1.1}$$

これら二つの関数を用いて，**複素平面**（complex plane）$z=x+iy$ 上にて，つぎの関数 W を定義する。

$$W=\phi+i\psi \tag{1.2}$$

これを**複素速度ポテンシャル**（complex velocity potential）という。この関数の z による微分を計算すると，次式のようになる。

$$\frac{\partial W}{\partial z} = \lim_{\Delta x, \Delta y \to 0} \frac{\{\phi(x+\Delta x, y+\Delta y) - \phi(x,y)\} + i\{\psi(x+\Delta x, y+\Delta y) - \psi(x,y)\}}{\Delta x + i\Delta y}$$

$$= \lim_{\Delta x, \Delta y \to 0} \frac{\left(\frac{\partial \phi}{\partial x}\Delta x + \frac{\partial \phi}{\partial y}\Delta y\right) + i\left(\frac{\partial \psi}{\partial x}\Delta x + \frac{\partial \psi}{\partial y}\Delta y\right)}{\Delta x + i\Delta y}$$

$$= \lim_{\Delta x, \Delta y \to 0} \frac{\left(\frac{\partial \phi}{\partial x} + i\frac{\partial \psi}{\partial x}\right)\Delta x + \left(\frac{\partial \phi}{\partial y} + i\frac{\partial \psi}{\partial y}\right)\Delta y}{\Delta x + i\Delta y}$$

$$= \lim_{\Delta x, \Delta y \to 0} \frac{\{(u-iv)\Delta x + (v+iu)\Delta y\}(\Delta x - i\Delta y)}{\Delta x^2 + \Delta y^2}$$

$$= \lim_{\Delta x, \Delta y \to 0} \frac{u(\Delta x^2 + \Delta y^2) - iv(\Delta x^2 + \Delta y^2)}{\Delta x^2 + \Delta y^2}$$

$$= u - iv$$

結論だけを書くと

$$\frac{\partial W}{\partial z} = u - iv \tag{1.3}$$

となる。この右辺を**複素速度**(complex velocity)という。このように,複素速度ポテンシャルを z で微分すると複素速度が得られる。

　先の微分において Δx, Δy の比は任意であるため,z 平面においてどの方向に微分しても答えは同じ式 (1.3) になる。例えば,W を x 方向および iy 方向に微分すると,つぎのようになる。

$$\frac{\partial W}{\partial x} = \frac{\partial \phi}{\partial x} + \frac{\partial (i\psi)}{\partial x} = u - iv$$

$$\frac{\partial W}{\partial (iy)} = \frac{\partial \phi}{\partial (iy)} + \frac{\partial (i\psi)}{\partial (iy)} = \frac{v}{i} + u = u - iv$$

このことは複素関数が成立するための条件である。

　2次元平面の座標を複素数 $z = x + iy$ で表すことにより,**速度場**(flow field)が複素速度ポテンシャルという関数によって記述できる。**1.1.2**項では,揚力を記述するために必要となる複素速度ポテンシャルを数例示す。

1.1.2 複素速度ポテンシャルによる各種流れ場の表現

〔1〕一　様　流　　一様流（uniform flow）はいたるところ速度が一定の流れ場であり，次式で表される。

$$W = Uze^{-i\alpha} \tag{1.4}$$

ここで U と α は実定数である。これを z で微分して複素速度を求めると

$$u - iv = Ue^{-i\alpha} = U(\cos\alpha - i\sin\alpha) \tag{1.5}$$

となり，速度場は図 **1.1** に示すように，大きさが U，向きが x 軸とのなす角 α の一様流であることがわかる。このように複素速度ポテンシャルは，一つの関数で全体の流れ場を表すことができるところが便利である。

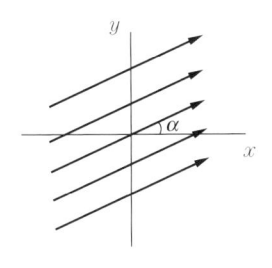

図 **1.1** 一様流

〔2〕湧出し，吸込み　　湧出し（source），吸込み（sink）とは，ある位置で流体が湧き出しているか，あるいは吸い込まれている場合の流れ場であり，次式で表される。

$$W = m \log z \tag{1.6}$$

ここで m は実定数である。極座標 $z = re^{i\theta}$ を用いると，式（1.6）はつぎのようになる。

$$W = m \log re^{i\theta} = m \log r + im\theta$$

したがって

$$\phi = m \log r, \qquad \psi = m\theta \tag{1.7}$$

となる。流線は $\psi = \mathrm{const}$ だから，流れ場は図 **1.2** に示すように原点から伸びる放射状の直線群になる。速度は半径方向成分のみであり

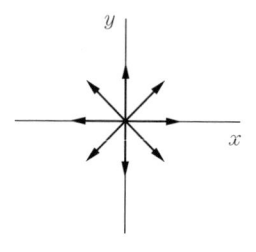

図 1.2 湧出し

$$v_r = \frac{\partial \phi}{\partial r} = \frac{m}{r} \tag{1.8}$$

である。この式から，中心から遠ざかるほど速度は小さくなり，また m が正の場合は湧出し，負の場合は吸込みであることがわかる。湧出し（吸込み）量は

$$Q = \oint v_r r d\theta = \oint m d\theta = 2\pi m \tag{1.9}$$

となる。

〔3〕**渦糸まわりの流れ**　渦糸（vortex filament）とは渦度（vorticity）を持った有限の大きさの流れ場であり，速度成分は円周方向のみである。速度ポテンシャルは渦なしの場合のみ成立するので，渦糸の内部は速度ポテンシャルでは記述できないが，そのまわりの流れ場は渦なしを仮定して，次式のような複素速度ポテンシャルで記述できる。

$$W = i\kappa \log z \tag{1.10}$$

ここで κ は実定数である。極座標 $z = re^{i\theta}$ を代入すると

$$W = i\kappa \log re^{i\theta} = -\kappa\theta + i\kappa \log r \tag{1.11}$$

となる。したがって

$$\phi = -\kappa\theta, \qquad \psi = \kappa \log r$$

となるから，流線は $\psi = \text{const}$ とおくと，図 1.3 に示すように原点を中心とする円群となる。速度 v は θ 方向の成分のみであり，大きさは

$$v_\theta = \frac{1}{r} \frac{\partial \phi}{\partial \theta} = -\frac{\kappa}{r} \tag{1.12}$$

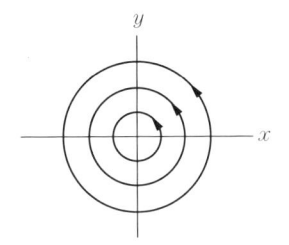

図 1.3 渦糸まわりの流れ

となる。極座標の回転方向成分は反時計回りを正とするから，κ が正の場合は式 (*1.12*) が表す流れ場は時計回りの流れ場である。**循環**（circulation）Γ は次式のようになる。

$$\Gamma = \oint v_\theta r d\theta = -\oint \kappa d\theta = -2\pi\kappa \tag{1.13}$$

速度を xy 座標系で書いて渦度 ω を計算すると，以下のように 0 になることが確認できる。

$$u - iv = \frac{\partial W}{\partial z} = \frac{i\kappa}{z} = \frac{i\kappa(x-iy)}{x^2+y^2} = \frac{\kappa y}{x^2+y^2} + i\frac{\kappa x}{x^2+y^2}$$

$$\omega = \frac{\partial v}{\partial x} - \frac{\partial u}{\partial y} = -\kappa\frac{x^2+y^2-2x^2}{(x^2+y^2)^2} - \kappa\frac{x^2+y^2-2y^2}{(x^2+y^2)^2} = 0$$

このように，渦糸の外部の渦なしの流れ場を**自由渦**（free vortex）という。自由渦の流れ場で渦度が 0 になるのは，流体粒子が自転していないことを意味する。ただし，流体粒子は渦糸のまわりを公転している。

〔**4**〕**二重湧出し**　実数軸上 $+a$ と $-a$ の位置に，強さ $-m$，m の吸込みと湧出しがある場合を考える。二つの流れの重ね合わせは複素速度ポテンシャルの和で表せるから，この流れ場は次式で表される。

$$W = -m\log(z-a) + m\log(z+a) \tag{1.14}$$

ここで a が小さいと仮定すると，つぎのように変形できる。

$$W = m\log\frac{z+a}{z-a} = m\log\left(1+\frac{2a}{z-a}\right) \simeq m\log\left(1+\frac{2a}{z}\right) \simeq \frac{2ma}{z} \tag{1.15}$$

ここで $a \to 0$，$2ma \to b$ の極限をとれば，つぎのようになる。

1. 揚力の理論

$$W = \frac{b}{z} \tag{1.16}$$

これを，強さ b の二重湧出し（doublet）という。

流れ関数を求めると

$$\psi = -b\frac{y}{x^2 + y^2} \tag{1.17}$$

となるので，$\psi = c$ とおくと流線の方程式は次式のようになる。

$$x^2 + \left(y + \frac{b}{2c}\right)^2 = \left(\frac{b}{2c}\right)^2 \tag{1.18}$$

これは図 **1.4** に示すように，原点を通り，x 軸に接する円群になる。

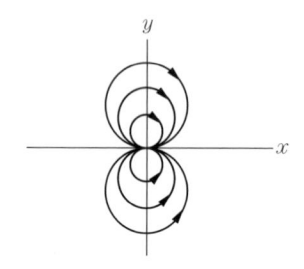

図 **1.4** 二重湧出し

〔**5**〕 **円柱まわりの流れ場** 原点に，強さ $b = R^2 U$ の二重湧出しと速度 U の一様流を重ね合わせると，複素速度ポテンシャルはつぎのようになる。

$$W = Uz + \frac{R^2 U}{z} \tag{1.19}$$

極座標を用いると，式 (1.19) はつぎのようになる。

$$W = Ure^{i\theta} + \frac{R^2 U}{r}e^{-i\theta}$$

$$= Ur(\cos\theta + i\sin\theta) + \frac{R^2 U}{r}(\cos\theta - i\sin\theta)$$

$$= U\left(r + \frac{R^2}{r}\right)\cos\theta + iU\left(r - \frac{R^2}{r}\right)\sin\theta \tag{1.20}$$

したがって，速度ポテンシャル ϕ と流れ関数 ψ はつぎのようになる。

$$\left.\begin{array}{l}\phi=U\left(r+\dfrac{R^2}{r}\right)\cos\theta \\[2mm] \psi=U\left(r-\dfrac{R^2}{r}\right)\sin\theta\end{array}\right\} \qquad (1.21)$$

半径 R の円 $r=R$ 上では流れ関数 ψ は 0 となり，一つの流線であることがわかる．式（1.19）から複素速度がつぎのように求められる．

$$u-iv = U - \frac{R^2 U}{z^2} \qquad (1.22)$$

この式から $z=\pm R$ で速度が 0 になる．つまり，半径 R の円と x 軸との交点はよどみ点となることがわかる．以上のことから，二重湧出しと一様流を重ね合わせることにより，**図 1.5** に示すような円柱まわりの流れ場が記述できることがわかる．点 S はよどみ点を表す．

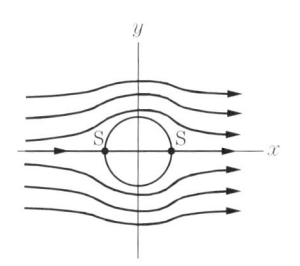

図 1.5　円柱まわりの流れ

〔6〕 **循環のある円柱まわりの流れ**　　循環 $-\varGamma$（時計回り）を持つ渦糸を円柱まわりの流れに重ね合わせた流れ場は，式（1.13），（1.19）からつぎのような式で表すことができる．

$$W = Uz + \frac{R^2 U}{z} + i\frac{\varGamma}{2\pi}\log z \qquad (1.23)$$

極座標を用いると，式（1.23）はつぎのようになる．

$$W = U\left(r+\frac{R^2}{r}\right)\cos\theta - \frac{\varGamma}{2\pi}\theta + i\left\{U\left(r-\frac{R^2}{r}\right)\sin\theta + \frac{\varGamma}{2\pi}\log r\right\} \qquad (1.24)$$

したがって，速度ポテンシャルと流れ関数はつぎのようになる．

$$\left.\begin{aligned}\phi &= U\left(r+\frac{R^2}{r}\right)\cos\theta - \frac{\Gamma}{2\pi}\theta \\ \psi &= U\left(r-\frac{R^2}{r}\right)\sin\theta + \frac{\Gamma}{2\pi}\log r\end{aligned}\right\} \quad (1.25)$$

この場合も，$r=R$ の円周上では流れ関数 ψ は一定値をとり，$r=R$ は一つの流線となっている。複素速度は，式 (1.23) からつぎのようになる。

$$u-iv=\frac{\partial W}{\partial z}=U-\frac{R^2 U}{z^2}+i\frac{\Gamma}{2\pi z} \quad (1.26)$$

よどみ点の位置を求めるために，式 (1.26) を 0 とおいて z について解くと，つぎのようになる。

$$\frac{z}{R}=-i\frac{\Gamma}{4\pi RU}\pm\sqrt{1-\left(\frac{\Gamma}{4\pi RU}\right)^2} \quad (1.27)$$

式 (1.27) からよどみ点は循環 Γ の大きさによって異なることがわかり，流れ場は図 **1.6** のようになる。

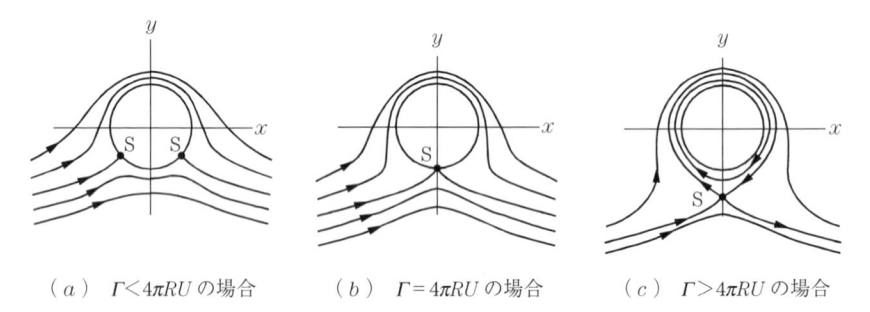

(a) $\Gamma<4\pi RU$ の場合　　(b) $\Gamma=4\pi RU$ の場合　　(c) $\Gamma>4\pi RU$ の場合

図 **1.6**　循環のある円柱まわりの流れ

1.2　物体が流れから受ける力

1.1 節では複素速度ポテンシャルを用いて，さまざまな流れや円柱まわりの流れが単純な数式により表されることを学んだ。つぎに，それを用いて物体が流れから受ける力を計算する。

1.2.1 円柱が流れから受ける力

円柱に作用する流体力は，**1.1**節までに求めた流れ場の式から円柱表面の速度分布を計算し，ベルヌーイの定理によって圧力分布を求め，それを積分することによって求めることができる。円表面の速度分布は式（1.25）からつぎのようになる。

$$q = v_\theta|_{r=R} = \left(\frac{1}{r}\frac{\partial \phi}{\partial \theta}\right)_{r=R} = -U\left(2\sin\theta + \frac{\Gamma}{2\pi RU}\right) \quad (1.28)$$

圧力分布は，よどみ点圧力を p_0 とすると，ベルヌーイの定理からつぎのようになる。

$$p = p_0 - \frac{1}{2}\rho q^2 = p_0 - \frac{1}{2}\rho U^2\left(2\sin\theta + \frac{\Gamma}{2\pi RU}\right)^2 \quad (1.29)$$

この圧力分布から，x 方向の力は次式により求めることができる。

$$\begin{aligned}
F_x &= -\int_0^{2\pi} Rp\cos\theta\, d\theta \\
&= -\int_0^{2\pi} R\left\{p_0 - \frac{1}{2}\rho U^2\left(2\sin\theta + \frac{\Gamma}{2\pi RU}\right)^2\right\}\cos\theta\, d\theta \\
&= 0 \quad (1.30)
\end{aligned}$$

この式から抵抗は 0 になることがわかる。これを**ダランベールのパラドックス**（d'Alembert's paradox）という。これは，図 **1.6** に示すように流れ場が y 軸に対して左右対称のため，圧力も左右対称となることから直感的にも理解できる。実際の流れでは粘性があることにより，流れがはく離するため抵抗が生じる。

つぎに，次式のように y 方向の力を求める。

$$\begin{aligned}
F_y &= -\int_0^{2\pi} Rp\sin\theta\, d\theta \\
&= -R\int_0^{2\pi}\left\{p_0 - \frac{1}{2}\rho U^2\left(2\sin\theta + \frac{\Gamma}{2\pi RU}\right)^2\right\}\sin\theta\, d\theta \\
&= \frac{1}{2}R\rho U^2\int_0^{2\pi}\left(4\sin^3\theta + \frac{2\Gamma}{\pi RU}\sin^2\theta + \frac{\Gamma^2}{4\pi^2 R^2 U^2}\sin\theta\right)d\theta \\
&= \frac{1}{2}R\rho U^2\int_0^{2\pi}\left(\frac{\Gamma}{\pi RU}\right)d\theta
\end{aligned}$$

$$= \rho U\Gamma \qquad (1.31)$$

これをクッタ・ジューコフスキーの定理（Kutta-Joukowski's theorem）という。この結果から，循環を伴う円柱には揚力が作用することがわかる。これは図 **1.6** に示すように，循環がある場合は流れ場が上下非対称であることから類推できる。実際，野球のボールやバレーボールがスピンしながら空気中を進む場合に軌跡が曲がることから，揚力が発生していることがわかる。

コーヒーブレイク

回転円柱による揚力

　一様流の中で円柱や球がスピンする場合に揚力が発生するのは，マグヌス効果（Magnus effect）と呼ばれている。これを利用してドイツのフレットナーは1924 年，帆船の帆の代わりに回転する円柱を立てた船（マグヌス船）を製造したが，2 隻製造しただけに終わった。式（1.31）によると，循環を大きくすればいくらでも大きな揚力が得られそうに見えるが，この式は循環流れを数学的に与えているのであって，現実に循環流れを発生させるには，円柱の回転に伴い粘性によりまわりの流体が循環することに頼るので，実現できる循環流れの強さには限界がある。また現実の円柱まわりの流れは図 1.6 のようにはならず，必ずはく離してしまい，得られる揚力はわずかで，しかも大きな抵抗が伴う。したがって揚力を発生させるためには，円柱よりも平板や翼型の方がはるかに効率が高いのである。

1.2.2　ブラジウスの公式

1.2.1 項では一様流中の円柱まわりの流れ場が循環を伴う場合に揚力が発生することを示したが，翼を含む一般的な形状の場合はどうであろうか。本節では，物体の形状が円柱でなくて任意の形状の場合でも，物体まわりに循環を仮定すれば揚力が発生することを示す。

　流体に作用する重力は浮力と釣り合っているので考慮しない。また，2 次元流れとする。図 **1.7** のように流体の中に物体を囲む閉曲線 C を想定し，それを検査面とすると，運動量の法則によって，その線要素 ds を通して検査面内の流体には次式の力が加わっていることになる。

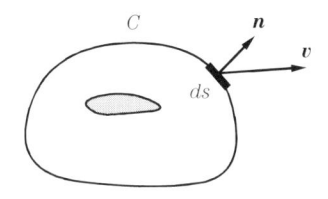

図 1.7 物体を囲む閉曲線

$$(-p\boldsymbol{n}-\rho \boldsymbol{v} v_n)\,ds \tag{1.32}$$

ここで p は圧力，$\boldsymbol{n}$ は線要素 ds の外向き法線単位ベクトル，ρ は密度，$\boldsymbol{v}$ は速度ベクトル，v_n は速度の法線方向成分で外向きに正とする。括弧内の第1項に負号がついているのは，圧力は閉曲線の内側の向きに作用し，法線ベクトルは外向きに正としたためである。また，第2項に負号がついているのは以下のためである。図 1.7 に示すように閉曲線の外向きに運動量 $\rho \boldsymbol{v}$ が流出しているところでは，検査面に作用する力は外向きであり，速度の法線方向成分は外向きだから $\rho \boldsymbol{v} v_n$ は外向きである。今，検査面内に内向きに作用する力を求めているので負号がついているのである。

以前に仮定した2次元に加えて，さらに非粘性，渦なし，定常も仮定する。検査面 C を通して外の流体から作用する力は，物体がまわりの流体に作用する力と釣り合うはずである。したがって，式 (1.32) は物体がまわりの流体に作用している力 $\boldsymbol{F}$ と釣り合うから，次式が成立する。

$$\boldsymbol{F} = \oint_C (-p\boldsymbol{n}-\rho \boldsymbol{v} v_n)\,ds \tag{1.33}$$

微分形に直すと，つぎのようになる。

$$d\boldsymbol{F} = -(p\boldsymbol{n}+\rho \boldsymbol{v} v_n)\,ds \tag{1.34}$$

ds は

$$ds = \sqrt{(dx)^2+(dy)^2} \tag{1.35}$$

だから

$$\boldsymbol{n}\,ds = (dy, -dx) \tag{1.36}$$

である。また

1. 揚力の理論

$$v_n ds = \boldsymbol{v} \cdot \boldsymbol{n} ds = \boldsymbol{v} \cdot (dy, -dx) = u dy - v dx = d\psi \qquad (1.37)$$

であるから，式 (1.34) の x, y 成分はつぎのようになる。

$$d\boldsymbol{F} = (-p dy - \rho u d\psi, \; p dx - \rho v d\psi)$$

複素形式に書き直すと，つぎのようになる。

$$\begin{aligned}dF_x - i dF_y &= -p dy - \rho u d\psi - i(p dx - \rho v d\psi) \\ &= -ip(dx - idy) - \rho(u - iv) d\psi \end{aligned} \qquad (1.38)$$

複素速度ポテンシャルを W とすると

$$\frac{\partial W}{\partial z} = u - iv \qquad (1.39)$$

となる。また

$$z = x + iy, \qquad W = \phi + i\psi$$

であり，それぞれの複素共役は

$$\bar{z} = x - iy, \qquad \overline{W} = \phi - i\psi$$

であるから

$$d\psi = d\left(\frac{W - \overline{W}}{2i}\right) = \frac{1}{2i}(dW - d\overline{W}) = \frac{1}{2i}\left(\frac{dW}{dz} dz - \frac{d\overline{W}}{d\bar{z}} d\bar{z}\right) \qquad (1.40)$$

となる。全圧を p_0 とすると，ベルヌーイの定理から

$$p = p_0 - \frac{1}{2}\rho v^2 = p_0 - \frac{1}{2}\rho \frac{dW}{dz}\frac{d\overline{W}}{d\bar{z}} \qquad (1.41)$$

であり，式 (1.40), (1.41) を式 (1.38) に代入すると

$$\begin{aligned}d(F_x - iF_y) &= -i\left(p_0 - \frac{1}{2}\rho \frac{dW}{dz}\frac{d\overline{W}}{d\bar{z}}\right) d\bar{z} - \rho \frac{dW}{dz}\frac{1}{2i}\left(\frac{dW}{dz} dz - \frac{d\overline{W}}{d\bar{z}} d\bar{z}\right) \\ &= -ip_0 d\bar{z} + \frac{i}{2}\rho\left(\frac{dW}{dz}\right)^2 dz\end{aligned} \qquad (1.42)$$

となる。物体に作用する力を，複素表示で

$$X - iY = \oint_C d(G_x - G_y) \qquad (1.43)$$

と書けるので，式 (1.43) に式 (1.42) を代入すると

$$X - iY = \frac{i\rho}{2}\oint_C \left(\frac{dW}{dz}\right)^2 dz \qquad (1.44)$$

となる。これを**ブラジウスの第1公式**（Blasius' 1st formula）という。

物体に作用する流体力（摩擦力は除いて）は物体表面での圧力分布を積分すれば求まるが，ブラジウスの公式を用いれば，物体を囲む任意の形の閉曲線上の複素速度ポテンシャルから計算できるのである。

ついでにモーメントを求める式も導出する。物体を囲む閉曲線 C の線要素 ds を通して流入する単位時間当りの角運動量（原点まわりの）は

$$dM_z = xdF_y - ydF_x \tag{1.45}$$

である。複素表示に直すと

$$dM_z = -\text{Im}\{(x+iy)(dF_x - idF_y)\}$$

となる。右辺に式（1.42）を代入すると

$$dM_z = -\text{Im}\left[(x+iy)\left\{-ip_0 d\bar{z} + \frac{i}{2}\rho\left(\frac{dW}{dz}\right)^2 dz\right\}\right]$$

$$= \text{Im}\left\{ip_0 z d\bar{z} - \frac{i}{2}\rho\left(\frac{dW}{dz}\right)^2 z dz\right\}$$

$$= p_0 \text{Re}(z d\bar{z}) - \frac{\rho}{2}\text{Re}\left\{\left(\frac{dW}{dz}\right)^2 z dz\right\}$$

$$= \frac{p_0}{2} d(z\bar{z}) - \frac{\rho}{2}\text{Re}\left\{\left(\frac{dW}{dz}\right)^2 z dz\right\} \tag{1.46}$$

となる。これを閉曲線 C に沿って一周線積分すればモーメントが求まる。第1項は積分すると0になるので，けっきょくモーメントはつぎのようになる。

$$M_z = -\frac{\rho}{2}\text{Re}\oint_C \left(\frac{dW}{dz}\right)^2 z dz \tag{1.47}$$

これを**ブラジウスの第2公式**（Blasius' 2nd formula）という。

1.2.3 ブラジウスの公式による揚力の計算

つぎにブラジウスの公式を使って，物体まわりに循環と一様流が存在する場合に揚力が発生することを示す。一様な流れの中に，物体が一つ存在する場合を想定する。無限遠点において速度は有限であるから，複素速度はつぎのようになる。

$$\frac{dW}{dz} = U + \frac{k_0}{z} + \frac{k_1}{z^2} + \frac{k_2}{z^3} + \cdots \quad (1.48)$$

ここで U は無限遠点における速度で，次式のように表す．

$$U = u_0 - iv_0 \quad (1.49)$$

物体まわりの循環は，右回りを正としてつぎのように計算される．

$$\Gamma = -\oint_C \left(U + \frac{k_0}{z} + \frac{k_1}{z^2} + \frac{k_2}{z^3} + \cdots \right) dz$$

この積分は第2項以外はすべて0になるから，つぎのようになる．

$$\Gamma = -k_0 [\log z]_C = -k_0 [\log r + i\theta]_0^{2\pi} = -i2\pi k_0 \quad (1.50)$$

ブラジウスの第1公式によって物体が流れから受ける力を計算すると，つぎのようになる．

$$X - iY = \frac{i\rho}{2} \oint_C \left(U + \frac{k_0}{z} + \frac{k_1}{z^2} + \frac{k_2}{z^3} + \cdots \right)^2 dz$$

$$= \frac{i\rho}{2} \oint_C \left(U^2 + 2\frac{Uk_0}{z} + \frac{k_0^2 + Uk_1}{z^2} + \cdots \right) dz \quad (1.51)$$

この積分を実行すると，被積分関数の中の第2項以外は0になるので

$$X - iY = \frac{i\rho}{2} Uk_0 [2\log z]_C = \frac{i\rho}{2} Uk_0 [2i\theta]_0^{2\pi} = -2\pi\rho Uk_0 \quad (1.52)$$

となる．この k_0 に式 (1.50) を代入すると，つぎのようになる．

$$X - iY = -i\rho U\Gamma$$

ここに式 (1.49) を代入すると

$$X - iY = -i\rho U\Gamma = -i\rho(u_0 - iv_0)\Gamma = -\rho v_0 \Gamma - i\rho u_0 \Gamma \quad (1.53)$$

となる．したがって

$$X = -\rho v_0 \Gamma, \qquad Y = \rho u_0 \Gamma$$

$$\sqrt{X^2 + Y^2} = \rho \sqrt{u_0^2 + v_0^2}\, \Gamma = \rho |U| \Gamma \quad (1.54)$$

であり，速度ベクトルと力のベクトルの内積をとると

$$(u_0, v_0) \cdot (-\rho v_0 \Gamma, \rho u_0 \Gamma) = \rho \Gamma (-u_0 v_0 + v_0 u_0) = 0$$

となるから，物体に作用する力は速度に垂直方向である，つまり式 (1.54) は揚力である．これは式 (1.31) と同じ形であり，クッタ・ジューコフスキ

一の定理にほかならない。両者の違いは，式（1.31）は円柱の場合であり，式（1.53）は物体形状が任意（ただし循環を持つ）として導かれたことである。

1.2.4 平板に作用する揚力

1.2.3項では，物体まわりに一様流と循環の流れが存在する場合に揚力が発生することを示した。しかし，循環がどのような場合に存在するのかは説明できていない。本節では，循環が発生するための条件を示す。

〔**1**〕 **等 角 写 像**　　z 平面を ζ 平面に

$$\zeta = f(z) \tag{1.55}$$

という関数で写像することを考える。ここで

$$z = x + iy \tag{1.56}$$

$$\zeta = \xi + i\eta \tag{1.57}$$

である。式（1.55）の微分をとると

$$d\zeta = f'(z)\,dz \tag{1.58}$$

となる。ここで，各項を極座標

$$d\zeta = d\tau e^{i\varphi}, \qquad dz = ds e^{i\theta}, \qquad f'(z) = F e^{i\beta} \tag{1.59}$$

で表すと

$$d\tau = F ds, \qquad \varphi = \theta + \beta \tag{1.60}$$

となる。これは，z 平面の微小線分 ds が ζ 平面では F 倍の長さに写像され，座標軸との角度が β だけ増加することを意味する。ここで**図 1.8** に示すように，ある点で交わる 2 本の微小線分

$$dz_1 = ds_1 e^{i\theta_1}, \qquad dz_2 = ds_2 e^{i\theta_2} \tag{1.61}$$

がそれぞれ

$$d\zeta_1 = d\tau_1 e^{i\varphi_1}, \qquad d\zeta_2 = d\tau_2 e^{i\varphi_2} \tag{1.62}$$

に写像されるとする。2 本の微小線分は同じ関数で写像されるから

$$\varphi_1 = \theta_1 + \beta$$

$$\varphi_2 = \theta_2 + \beta$$

16　1. 揚力の理論

(a) z 平面　　　(b) ζ 平面

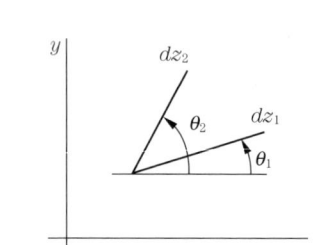

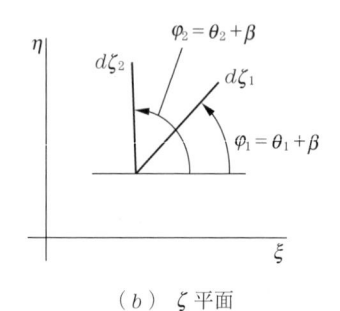

図 1.8　等角写像

が成立する。両辺の差をとると

$$\varphi_1 - \varphi_2 = \theta_1 - \theta_2 \tag{1.63}$$

となる。つまり微小線分の交角は写像を経ても等しく保たれる。これを等角写像（conformal mapping）という。ただし，写像関数が0や無限大になるような特異点では等角性は保たれない。

z 平面で流れ場を複素速度ポテンシャルにより表すとき，流線（等流れ関数線）と等ポテンシャル線は直交する。その流れ場を ζ 平面に写像した場合も，特異点でなければ等角性が保たれ，流線（等流れ関数線）と等ポテンシャル線は直交するので，流れ場として成立する。

ここで簡単な等角写像の例を示す。z 平面で一様流

$$W(z) = Uz = U(x+iy) = \phi + i\psi \tag{1.64}$$

を考える（図 1.9 (a) 参照）。これを，つぎのような関数で ζ 平面に写像する。

$$\zeta = z^{\frac{1}{2}} \tag{1.65}$$

この場合，ζ 平面での複素速度ポテンシャルはつぎのようになる。

$$W(\zeta) = U\zeta^2 = U(\xi+i\eta)^2 = U(\xi^2 - \eta^2) + i2U\xi\eta \tag{1.66}$$

流線は式 (1.66) の虚部（流れ関数）を定数とおいて

$$\xi\eta = \text{const} \tag{1.67}$$

とすると，図 1.9 (b) のような双曲線群となる。

(a) z 平面   (b) ζ 平面

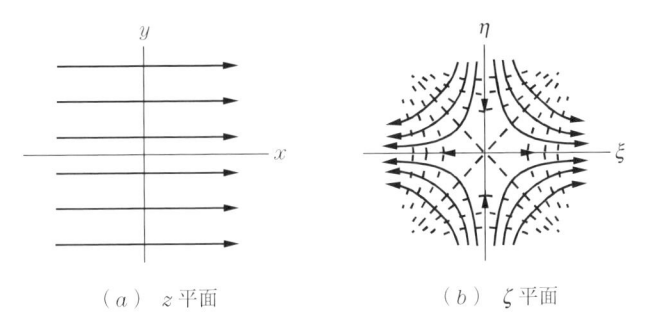

図 **1.9** 等角写像の例

〔**2**〕 **ジューコフスキー変換**　つぎの写像関数を導入する。

$$\zeta = z + \frac{a^2}{z} \tag{1.68}$$

z 平面上で円

$$z = Re^{i\theta} \tag{1.69}$$

を考える。これが，式 (1.68) により ζ 平面では

$$\zeta = Re^{i\theta} + \frac{a^2}{R}e^{-i\theta} \tag{1.70}$$

となる。これを実部と虚部に分けると，つぎのようになる。

$$\left.\begin{array}{l}\xi = \left(R + \dfrac{a^2}{R}\right)\cos\theta \\ \eta = \left(R - \dfrac{a^2}{R}\right)\sin\theta\end{array}\right\} \tag{1.71}$$

両式から θ を消去すると

$$\frac{\xi^2}{\left(R+\dfrac{a^2}{R}\right)^2} + \frac{\eta^2}{\left(R-\dfrac{a^2}{R}\right)^2} = 1 \tag{1.72}$$

となり，楕円に写像されたことがわかる。特に $R=a$ の場合には式 (1.71) より

$$\left.\begin{array}{l}\xi = 2a\cos\theta \\ \eta = 0\end{array}\right\} \tag{1.73}$$

となり，長さ $4a$ の直線に写像される（**図 1.10** 参照）。

(a) z 平面　　　　　　　　(b) ζ 平面

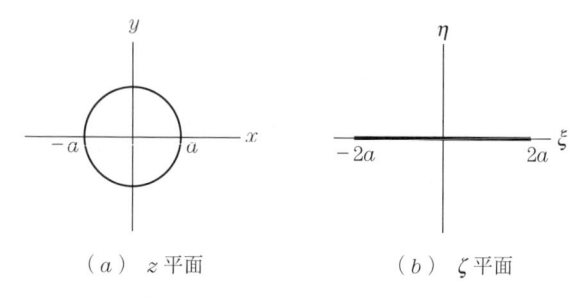

図 1.10　円から直線への等角写像

つぎに流れ場がどのように写像されるかを見る。角度が x 軸に対して α 〔rad〕傾いた（右上りの）一様流の複素速度ポテンシャルは

$$W = Uze^{-i\alpha} \tag{1.74}$$

である。**1.1.2** 項で出てきた循環を伴わない円柱まわりの流れは，半径が a の場合

$$W = Uz + \frac{a^2 U}{z} \tag{1.75}$$

である。これに対して一様流が α 傾いた場合は，z を $ze^{-i\alpha}$ で置き換えて

$$W = Uze^{-i\alpha} + \frac{a^2 U}{z} e^{i\alpha} \tag{1.76}$$

となる。複素速度は

$$u - iv = \frac{dW}{dz} = Ue^{-i\alpha} - \frac{a^2 U}{z^2} e^{i\alpha} \tag{1.77}$$

であり，上記速度を 0 とおくとよどみ点の位置は次式のようになる。

$$z = \pm ae^{i\alpha} = \pm a(\cos \alpha + i \sin \alpha) \tag{1.78}$$

ζ 平面でのよどみ点は，式 (1.78) を式 (1.68) に代入して

$$\zeta = \pm (ae^{i\alpha} + ae^{-i\alpha}) = \pm 2a \cos \alpha \tag{1.79}$$

となる。z 平面および ζ 平面の流れ場を**図 1.11** に示す。ζ 平面のよどみ点は下面の前縁より少し後ろと，上面の後縁より少し前の 2 箇所にある。ζ 平面での速度は

1.2 物体が流れから受ける力

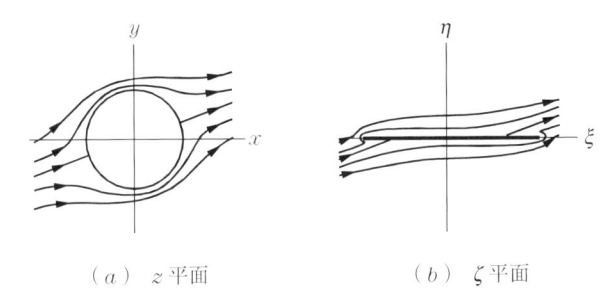

（a）z平面　　　　　　　（b）ζ平面

図 1.11 円柱まわりの流れの等角写像

$$\frac{dW}{d\zeta}=\frac{\frac{dW}{dz}}{\frac{d\zeta}{dz}}=\frac{Ue^{-i\alpha}-\dfrac{a^2U}{z^2}e^{i\alpha}}{1-\dfrac{a^2}{z^2}} \tag{1.80}$$

であるから，前後縁 $\zeta=\pm 2a$ （$z=\pm a$）では速度が無限大になる。

つぎに，循環がある場合を考える。z平面での複素速度ポテンシャルは式（1.23）の z を $ze^{-i\alpha}$ で置き換えて

$$W=Uze^{-i\alpha}+\frac{a^2U}{z}e^{i\alpha}+i\frac{\Gamma}{2\pi}\log z \tag{1.81}$$

となる。式（1.81）では定数項は意味がないので省略してある。ζ平面上の複素速度はつぎのようになる。

$$\frac{dW}{d\zeta}=\frac{\frac{dW}{dz}}{\frac{d\zeta}{dz}}=\frac{Ue^{-i\alpha}-\dfrac{a^2U}{z^2}e^{i\alpha}+i\dfrac{\Gamma}{2\pi}\dfrac{1}{z}}{1-\dfrac{a^2}{z^2}} \tag{1.82}$$

循環がない場合には，式（1.80）に示したように，ζ平面において，平板の前後縁で速度が無限大になった。実際の流れでは前縁まわりの速度は非常に速くなるが，後縁まわりの速度は特に速くなることはなく，**図 1.12** のような流れになる。そこで，式（1.82）の分子が後縁において 0 となるように Γ を定めることとする。すなわち，つぎのようになる。

$$Ue^{-i\alpha}-\frac{a^2U}{z^2}e^{i\alpha}+i\frac{\Gamma}{2\pi}\frac{1}{z}\bigg|_{z=a}=0$$

$$Ue^{-i\alpha}-Ue^{i\alpha}+i\frac{\Gamma}{2\pi a}=0$$

20   1. 揚力の理論

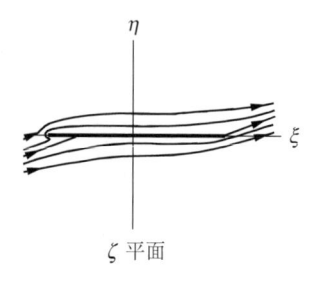

図 1.12 実際の流れ

$$\therefore \Gamma = 4\pi U a \sin \alpha \tag{1.83}$$

これを**クッタの条件**（Kutta's condition）という。この条件を設定すると後縁において式（1.82）で分母，分子が0となるので，ロピタルの定理を用いて

$$\left.\frac{dW}{d\zeta}\right|_{z=a} = \left.\frac{\dfrac{d\left(Ue^{-i\alpha} - \dfrac{a^2 U}{z^2}e^{i\alpha} + i\dfrac{4\pi U a \sin \alpha}{2\pi}\dfrac{1}{z}\right)}{dz}}{\dfrac{d\left(1 - \dfrac{a^2}{z^2}\right)}{dz}}\right|_{z=a}$$

$$= \left.\frac{2\dfrac{a^2 U}{z^3}e^{i\alpha} - i2\dfrac{U a \sin \alpha}{z^2}}{2\dfrac{a^2}{z^3}}\right|_{z=a}$$

$$= U(e^{i\alpha} - i\sin \alpha)$$

$$= U\cos \alpha \tag{1.84}$$

となり，後縁での速度は0ではなく有限の値を持ち，実軸の方向であることがわかる。

 ブラジウスの公式により，循環を持った任意形状の物体に作用する揚力が式（1.54）で与えられたから

$$L = \rho U \Gamma \tag{1.85}$$

と書ける。平板に作用する揚力は，式（1.85）に式（1.83）を代入して

$$L = \frac{1}{2}\rho U^2 (2\pi \sin \alpha) 4a \tag{1.86}$$

となる。ここで$4a$は平板の長さであるが，ここでは2次元流れを想定してい

るから，スパンを単位長と考えて $4a$ は翼面積を表す。$2\pi \sin a$ は揚力係数 (lift coefficient) であり，a が小さいとき

$$C_l = 2\pi \sin a \simeq 2\pi a \tag{1.87}$$

と近似でき，この 2π を **揚力傾斜** (lift slope) という。この揚力傾斜の値は実験値と非常によく一致する。

以上で，平板に作用する揚力の発生原理が説明できた。説明の流れを要約するとつぎの①～③のようになる。

① 一様流の中で循環を伴う円柱では，揚力

$$L = \rho U \Gamma$$

が作用する。

② 一様流の中の任意形状の物体のまわりに，循環流れを伴うと仮定すると，ブラジウスの公式によって，揚力

$$L = \rho U \Gamma$$

が作用する。

コーヒーブレイク

揚力の理論の歴史

クッタ・ジューコフスキーの定理は，1902年ドイツの数学者ウィルヘルムクッタと，1906年ロシアの技術者ニコライジューコフスキーによってたがいに独立に導かれたことはよく知られている。しかし，イギリスの技術者フレデリックランチェスターはそのアイデアについて，前2者に先立ち1897年にめどをつけた。しかし，当時ランチェスターは自動車事業で忙しく，発表したのは1907年であった。

だれが最初かはともかく，この定理が導かれる前は揚力に関してはニュートンの理論しかなく，それは

$$L = \rho A U^2 \sin^2 a$$

であった。ここで L は揚力，ρ は流体の密度，U は主流の流速，a は迎角である。この理論による揚力の値は，実験結果に対して桁違いに小さく，当時の科学者たちはかなり悩んでいたという。それでもライト兄弟が1903年に飛行に成功したのは，緻密な風洞試験によって揚力の大きさの見積りに成功したからである。

③ 一様流の中で迎角（迎え角ともいう）を持つ平板まわりの流れを，ジューコフスキー変換によって求め，クッタの条件を仮定すると循環が導かれ，揚力

$$L = \rho U \Gamma = \frac{1}{2}\rho U^2 (2\pi \sin \alpha) 4a$$

が作用する。

1.2.5 出　発　渦

1.2.4項ではクッタの条件を仮定することによって，平板まわりに循環が生じることが数学的に証明された。実際にはどうなのだろうか。平板まわりに循環流れが存在することは，渦が存在することである。ヘルムホルツの渦定理（**2**章参照）によれば，循環は時間的に一定不変である。よって，平板まわりの循環は静止しているときは当然0であり，動き出しても循環は0に保たれるはずである。

この問題に対してプラントルとティーチェンスは，水槽内の水の表面にアルミニウムの粉を浮かせて翼を動かし，流れの様子を写真にとった[1]。図**1.13**がその写真である。図(*a*)は，静止した流体にカメラを固定し，突然翼を動かし，動き出した直後に撮影したものである。後縁のすぐ下流に，下から上に

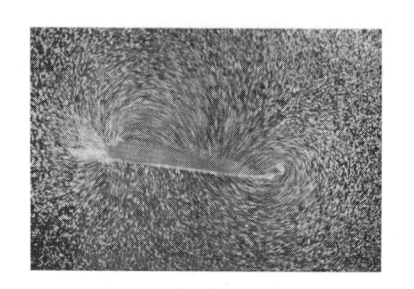

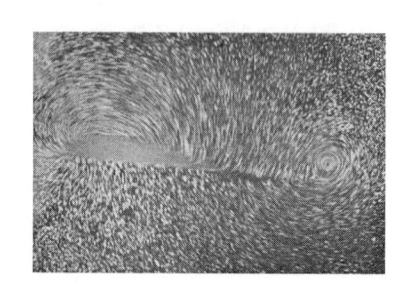

　　　(*a*) 出発直後　　　　　　　　(*b*) (*a*)より少し後
カメラは静止した流体に固定，翼が動いている
図 **1.13**　出発渦[1]†

---

† 肩付き数字は，巻末の引用・参考文献番号を表す。

巻き込んでいる流れが見える。これが，出発の瞬間に後縁を下から上に回り込んだ流れである。図 (b) は，図 (a) より少し時間がたってからのものである。翼の下流に左回りの渦が取り残されて，翼の後縁にはもはや下から上に回り込む流れは見られない。この翼が出発したところに残された渦を**出発渦**（starting vortex）という。

図 **1.14** は翼に固定されたカメラから撮影したもので，翼が動き出してしばらく時間が経過したときのものである。上下面の流れは後縁で合流している。図 **1.15** は可視化写真から描いた模式図である。図 (a) は動き出す瞬間であり，後縁を下から上に回り込む流れがある。これは図 **1.11** (b) に示す循環のない平板まわりの流れに似ている。この回り込み流れは，翼の動きによって下面の圧力が上がり，上面の圧力が下がるために生じる。

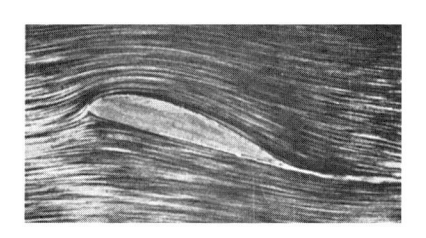

カメラは翼に固定

図 **1.14** 出発後[1]

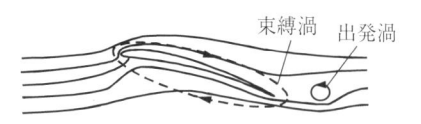

（a） 動き出した瞬間　　　　（b） 動き出した少し後

図 **1.15** 出発渦の模式図

その後，上面では上流から後縁に向かう流れによって回り込みがなくなり，図 **1.15** (b) のように出発渦が取り残される。最初渦なしだったので，翼まわりには出発渦と逆向きの渦が存在するはずであり，これを図 (b) では破線で模式的に示した。これを**束縛渦**（bound vortex）という。このように，静止流体中を翼が動き始めた直後は循環のない流れであり，その後左回りの渦が

取り残されることから、それと逆向きで等しい強さの渦が翼のまわりにできたことが推定される。全体の渦度は0を保っているのでケルビンの渦定理は成立しており、なおかつ翼のまわりに循環流れができているのである。

以上のことから、揚力を発生させるために必要な物体形状に求められる要件、すなわち**翼型**（よくがた）（airfoil, wing section）の基本的な設計指針として、つぎの①～③が考えられる。

①　薄い板状で、迎角を持たせること。

②　正の迎角（上流側が上）を持った場合、よどみ点は前縁より下面に移動するので、前縁は丸い形状とし、スムーズに流れるようにすること。

③　クッタの条件が実現するように、後縁は鋭くとがらせること。

もちろんこれは基本であって、実際の設計においてはこれ以外に、用途に応じてさまざまな考慮がなされなければならない。

演 習 問 題

【1】 流れ関数について、$\psi=\mathrm{const}$ が流線を表すことを示せ。

【2】 複素速度ポテンシャル $W=Az^n$ の流れ場を示せ。

【3】 一様流と湧出しを重ね合わせると、どのような流れ場になるか。

【4】 円柱まわりの流れを、パソコンのエクセル等を用いて描け。

【5】 主流方向の長さ 80 mm、スパン 400 mm の平板が、速度 5 m/s の気流中に迎角 4° で置かれたとき、揚力はいくら発生するか。ただし、空気密度を 1.25 kg/m^3 とし、流れは2次元流れとする。

2

3次元翼の理論

　*1*章では，2次元の円柱や翼が流れから受ける力を調べた。x，y軸の2次元で流れを考えるということは，z軸方向，すなわちスパン方向に翼が無限大の長さを有することを仮定し，その結果，スパン方向の速度成分は0で，x，y面内の流れがどのz位置でも同じであることを意味する。この2次元流れの理解に基づいて，本章では翼のスパンが有限である**3次元翼**の空力特性を考える。

2.1 渦の基本的性質

　*1*章で記したように揚力は渦糸と一様流の組合せにより発生し，クッタ・ジューコフスキーの定理

$$L = \rho U \Gamma \qquad (2.1)$$

により記述される。すなわち，翼は循環をつくるための機械要素といえる。翼のまわりにできる循環流れの基になっている渦が，*1.2.5*項で説明した束縛渦である。
　この束縛渦を含めた渦の全貌(ぼう)を説明する前に，ここで渦に関する諸定理を解説しておく。

2.1.1 ケルビンの循環定理[2),3)]

　時刻 $t=t_1$ に閉曲線 C_1 に存在した流体が，$t=t_2$ に C_2 に流れたとする。その間の循環 $\Gamma(C)$ の変化は，つぎのように記述できる。

$$\frac{D\Gamma(C)}{Dt} = \frac{D}{Dt}\oint_C \boldsymbol{v}d\boldsymbol{r}$$

ここで D はラグランジュ微分を意味する．この積分と微分はたがいに無関係だから，順序を交換して変形するとつぎのようになる．

$$\frac{D\Gamma(C)}{Dt} = \oint_C \frac{D}{Dt}(\boldsymbol{v}d\boldsymbol{r}) = \oint_C \left(\frac{D\boldsymbol{v}}{Dt}d\boldsymbol{r} + \boldsymbol{v}\frac{D}{Dt}d\boldsymbol{r}\right) \quad (2.2)$$

オイラーの運動方程式は

$$\frac{D\boldsymbol{v}}{Dt} = \boldsymbol{F} - \frac{1}{\rho}\mathrm{grad}\, p$$

である．外力 $\boldsymbol{F}$ が保存力であればポテンシャルを持つので，それを G とすれば，この運動方程式はつぎのように書き換えられる．

$$\frac{D\boldsymbol{v}}{Dt} = \mathrm{grad}\left(G - \frac{p}{\rho}\right) \quad (2.3)$$

また，$D(d\boldsymbol{r})/Dt$ は微小距離の時間変化だから，微小距離の速度差に等しくなるので

$$\frac{D}{Dt}d\boldsymbol{r} = d\boldsymbol{v} \quad (2.4)$$

と書ける．式 (2.3)，(2.4) を使うと，式 (2.2) の積分の中はつぎのように書ける．

$$\frac{D}{Dt}(\boldsymbol{v}d\boldsymbol{r}) = \mathrm{grad}\left(G - \frac{p}{\rho}\right)\cdot d\boldsymbol{r} + \boldsymbol{v}\cdot d\boldsymbol{v}$$
$$= d\left(G - \frac{p}{\rho}\right) + d\left(\frac{1}{2}v^2\right) = d\left(G - \frac{p}{\rho} + \frac{1}{2}v^2\right)$$

これを式 (2.2) に代入すると

$$\frac{D\Gamma(C)}{Dt} = \left[G - \frac{p}{\rho} + \frac{1}{2}v^2\right]_C \quad (2.5)$$

となる．これは，[ ] 内の値が閉曲線 C を1周したときの変化であるから，0 になる．したがって，循環は時間的に変化しない．あるときに循環が 0 であれば永遠に 0 であり，ある値を持てば永遠にその値を保つことを意味する．これを，**ケルビンの循環定理** (Kelvin's theorem on circulation) という．これを導く際にオイラーの運動方程式を用いたので，ケルビンの循環定理が成立す

る条件は粘性がないことである。気象現象でいえば，いったん発生した台風や竜巻がなかなか消滅しないのは，このケルビンの循環定理によって説明できる。

2.1.2 ヘルムホルツの渦定理

定理の説明に入る前に，渦管(うずかん)（渦糸ともいう）について説明しておく。角速度 Ω で反時計回りに旋回する強制渦の中の速度は

$$v_\theta = \Omega r$$

である。$x,\ y$ 方向の速度は

$$u = -\Omega y, \qquad v = \Omega x$$

であるから，渦度は

$$\omega = \frac{\partial v}{\partial x} - \frac{\partial u}{\partial y} = 2\Omega \tag{2.6}$$

となり，渦度は角速度の2倍であることがわかる。この強制渦の領域が半径 R の円内とすると，そのまわりの循環は，半径 R における速度 ΩR と円周の長さ $2\pi R$ の積であるから

$$\Gamma = 2\pi R^2 \Omega = \sigma \omega$$

となる。ここで σ は強制渦の面積である。つまり，強制渦の面積に渦度を乗ずれば循環になる。ここで σ を渦管の面積（area of vortex tube），$\sigma\omega$ を渦管の強さ（strength of vortex tube）という。

ヘルムホルツの渦定理（Helmholtz's theorem on vortex）は，つぎの五つで構成されている[2],[3]。

① 渦の強さは時間的に不変である。これはラグランジュの渦定理（Lagrange's theorem on vortex）ともいう。
② 渦を構成している流体粒子は，時間がたっても渦を構成している。
③ 渦管の強さは渦管に沿って一定である。
④ 渦管は流体中で端部を持たない。つまり渦管は流体の境界まで達しているか，輪になっている（**渦輪**（vortex ring）という）。
⑤ 渦管は軸方向に引き伸ばされ，直径が小さくなると渦度が増加し，逆に

直径が大きくなると渦度が減少する。

上の①と②は，ケルビンの循環定理から明らかである。

③の証明は以下のようになる。図 *2.1* に示すような，渦管を囲む閉曲線 ABCD に沿って速度を積分すると，その閉曲線の中を渦は貫通していないので，0になる。すなわち

$$\oint_{ABCDA} \boldsymbol{v} d\boldsymbol{s} = 0$$

が成り立つ。積分経路を分割すると，以下のようになる。

$$\oint_{ABCDA} \boldsymbol{v} d\boldsymbol{s} = \int_A^B \boldsymbol{v} d\boldsymbol{s} + \int_B^C \boldsymbol{v} d\boldsymbol{s} + \int_C^D \boldsymbol{v} d\boldsymbol{s} + \int_D^A \boldsymbol{v} d\boldsymbol{s} = 0$$

経路 AB と CD が限りなく近いとすると

$$\int_A^B \boldsymbol{v} d\boldsymbol{s} + \int_C^D \boldsymbol{v} d\boldsymbol{s} = 0$$

となるので

$$\oint_{BC} \boldsymbol{v} d\boldsymbol{s} + \oint_{DA} \boldsymbol{v} d\boldsymbol{s} = 0$$

が成立する。第2項を逆回りにすれば次式が成立する。

$$\oint_{BC} \boldsymbol{v} d\boldsymbol{s} = \oint_{AD} \boldsymbol{v} d\boldsymbol{s} \tag{2.7}$$

以上で③が証明できた。ヘルムホルツの渦定理のほかの項目については，以下のように証明される。図 *2.1* で AB, CD はいくらでも長くできることから，④が成立する。渦管の強さ $\omega\sigma$ は時間的に不変だから，引き伸ばされて面積 σ が小さくなると渦度 ω が大きくなることから⑤が成立する。これはフィギュ

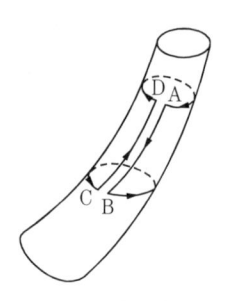

図 *2.1*　積分経路

アスケートのスピンにおいて，手足を広げて回転した後に手足を回転軸に集合させると回転速度が増えることからも理解できる．

2.2 揚力線理論

3次元翼の場合は図 *2.2* に示すように束縛渦，随伴渦（trailing vortex），出発渦で渦輪を構成しているため，ヘルムホルツの渦定理は満足される．随伴渦は翼端渦（tip vortex）とも呼ばれる．翼が動き出してしばらく飛行すれば，出発渦は翼まわりの流れには影響が及ばなくなるが随伴渦は影響する．これを考慮することが3次元翼の空気力を考えることである．

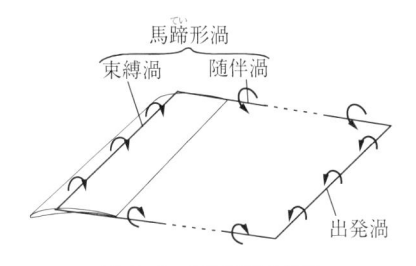

図 *2.2* 3次元翼の渦系

翼を1本の束縛渦に置き換え，それと同じ強さの随伴渦が両翼端から後流に伸びている流れ場を想定し，随伴渦により翼の各スパン方向位置に誘導される速度を計算し，空気力を修正する．この束縛渦を揚力線（lifting line）といい，この計算方法を揚力線理論（lifting line theory, Prandtl, L. 1918）という．以下で計算の具体的方法を述べる．

まず，渦によってまわりにどのような流れが誘導されるかを示すつぎの公式を導入する．

$$dv = \frac{\Gamma \sin\theta \, ds}{4\pi r^2} \tag{2.8}$$

これは**ビオ・サバールの法則**（Biot-Savart's law）という．各記号の定義は図 *2.3* に示すように，dv は観測点で誘導される速度，Γ は渦糸まわりの循

30 　2．3 次元翼の理論

図 2.3 渦による誘導速度

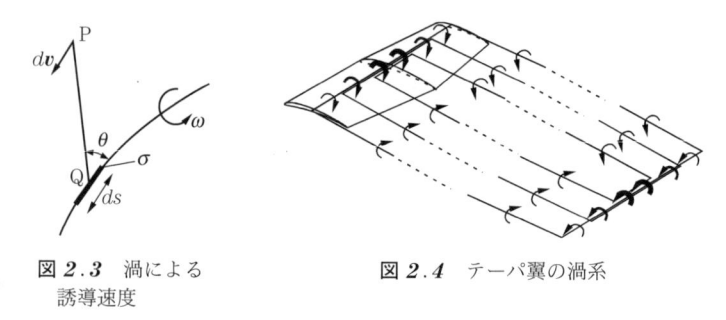

図 2.4 テーパ翼の渦系

環，θ は渦糸の微小部分 ds の方向とそこから観測点を結ぶ直線とのなす角，r は ds と観測点の距離である。

翼の平面形が矩形でねじれがないとすれば揚力はスパン方向に一定だから，図 2.2 のようにモデル化すればよいが，一般的には翼の平面形はテーパ（翼弦長がスパン方向に変化）しており，しかもねじれを持たせているため，揚力はスパン方向に変化している。このような場合には図 2.4 に示すように，翼を多くの揚力線の重ね合わせと考えることにより計算が可能になる。

図 2.5 のように，座標は後方に x，スパン方向に y，上方に z とする。翼の循環はスパン方向に変化しており，y' の位置において微小長さ dy' の間で $d\Gamma(y')$ だけ循環が減少したとすれば，その分が随伴渦として後方に放出される。つまり随伴渦は翼端だけでなく，翼の後縁から面状に放出される。この随伴渦が翼の y なる場所に誘起する下向きの流速 $dw(y)$ は，ビオ・サバールの法則により，つぎのようになる。

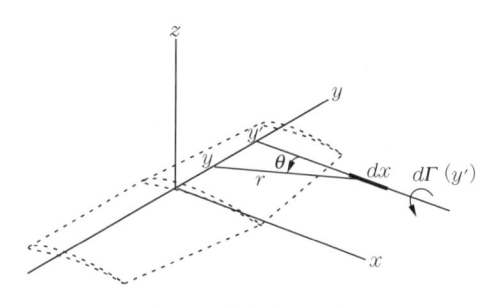

図 2.5 誘導速度の計算

$$dw(y) = -\int_0^\infty \frac{d\Gamma(y')\sin\theta\, dx}{4\pi r^2} \tag{2.9}$$

この速度は z 軸の負の向きなので負号をつける。図 **2.5** から

$$r^2 = x^2 + (y'-y)^2 \tag{2.10}$$

$$\sin\theta = \frac{y'-y}{r} \tag{2.11}$$

が成立することがわかるから,これらを式 (2.9) に代入するとつぎのようになる。

$$\begin{aligned}dw(y) &= -\frac{d\Gamma(y')}{4\pi}\int_0^\infty \frac{y'-y}{\{x^2+(y'-y)^2\}^{\frac{3}{2}}}dx \\ &= -\frac{d\Gamma(y')}{4\pi(y'-y)}\end{aligned} \tag{2.12}$$

これを 1 本の随伴渦による**誘導速度**,あるいは**誘起速度** (induced velocity) という。y なる位置に誘起される速度は,すべての随伴渦によるものだから,つぎのようになる。

$$\begin{aligned}w(y) &= -\frac{1}{4\pi}\int_{-b/2}^{b/2}\frac{d\Gamma(y')}{y'-y} \\ &= -\frac{1}{4\pi}\int_{-b/2}^{b/2}\frac{d\Gamma}{dy'}\frac{dy'}{y'-y}\end{aligned} \tag{2.13}$$

これにより,循環分布,あるいは揚力分布が与えられれば誘導速度が求められる。ただし $y'=y$ では発散するので,Cauchy の主値をとる。ちなみに式 (2.13) の誘導速度は翼における値であるが,下流にいったらどうなるであろうか。十分下流においては,渦は $-\infty$ から $+\infty$ に伸びている。したがって,誘導速度は式 (2.13) の値の 2 倍である。これは水平尾翼における主翼による誘導速度に等しいと考えてよい。これを**吹下ろし** (down wash) という。

　式 (2.13) で表される主翼における誘導速度は下向きであるため,主流との合成速度は図 **2.6** に示すように,向きが後方に傾く。クッタ・ジューコフスキーの定理によれば揚力は速度に垂直に作用するから,この場合抵抗成分を持つことになる。この力を主流に対する垂直方向成分と平行成分に分けると,微小スパン dy の翼素に作用する力はつぎのようになる。

U' と F が直角

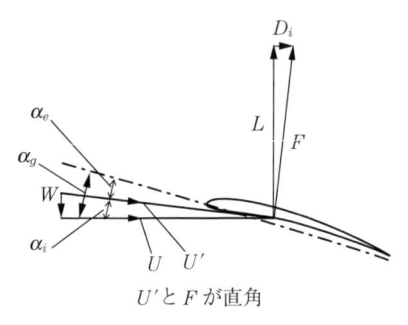

図 2.6　誘導速度, 誘導迎角

$$dL = \rho U' \Gamma dy \simeq \rho U \Gamma dy \tag{2.14}$$

$$dD_i = \rho U' \Gamma dy \frac{w}{U'} = \rho |w| \Gamma dy \tag{2.15}$$

通常 w は U に比べてはるかに小さいので，式 (2.14) のように近似できる。非粘性，非圧縮の流れではダランベールのパラドックスに示されるように抵抗を生じないが，3次元翼になると式 (2.15) のように抵抗を生じる。これを**誘導抵抗**（induced drag）という。この導出過程からわかるように誘導抵抗は揚力の発生に伴って発生するので，揚力がある限り避けることはできない。

図 2.6 に示す各角度は，つぎのように呼ぶ。

　　α_g：幾何迎角（geometric angle of attack）

　　　　これはゼロ揚力の迎角を基準とする。

　　α_i：誘導迎角（induced angle of attack）

　　α_e：有効迎角（effective angle of attack）

これらの間には，つぎの関係がある。

$$\alpha_g = \alpha_i + \alpha_e \tag{2.16}$$

この式から，有効迎角は幾何迎角より小さくなることがわかる。

　スパン方向の位置 y における微小長さ dy の翼素の揚力 dL は，2次元翼の揚力傾斜を a とすれば

$$dL = \frac{1}{2} \rho U^2 C a \alpha_e dy \tag{2.17}$$

となる。ここで C は翼の流れ方向の長さであり，**翼弦長**（chord length）と

いう。C, a, a_e は一般に y の関数である。この揚力はまた，循環と式 (2.14) の関係にあるので

$$\frac{1}{2}\rho U^2 C a \alpha_e dy = \rho U \Gamma dy, \qquad \therefore \ \alpha_e = \frac{2\Gamma}{UCa} \qquad (2.18)$$

となる。また，式 (2.13) を用いて

$$\alpha_i = \frac{w}{U} = \frac{1}{4\pi U}\int_{-b/2}^{b/2}\frac{d\Gamma}{dy'}\frac{dy'}{y'-y} \qquad (2.19)$$

となる。したがって，式 (2.16) へ式 (2.18)，(2.19) を代入すると

$$\alpha_g = \frac{2\Gamma(y)}{UC(y)a} + \frac{1}{4\pi U}\int_{-b/2}^{b/2}\frac{d\Gamma}{dy'}\frac{dy'}{y'-y} \qquad (2.20)$$

が得られる。これがプラントルの積分方程式 (Prandtl's integral equation) である。

　循環分布が与えられれば，式 (2.20) から幾何迎角分布を，式 (2.14)，(2.15) から全体の揚力と誘導抵抗が求まる。逆に幾何迎角と翼弦の分布が与えられて循環分布を求める問題は，積分方程式 (2.20) を解く必要があり難しい。数値計算するには図 **2.7** のルーチンを収束するまで繰り返す必要がある。

コーヒーブレイク

随伴渦の存在する証拠

　揚力発生の本質的な要因は翼のまわりの循環（束縛渦）であること，それは随伴渦と出発渦により渦輪を構成しているので，ヘルムホルツの渦定理を満たすことを述べた。その一つの証拠は，鳥が群れをなして飛ぶときに，下の図のように V 字配列となることである。随伴渦により翼の真後ろには吹下ろし，斜め後ろには吹上げがあるので，後続の鳥は前の鳥の斜め後ろの吹上げの領域に入ることによって，楽に揚力を得ることができるのである。

34   2. 3次元翼の理論

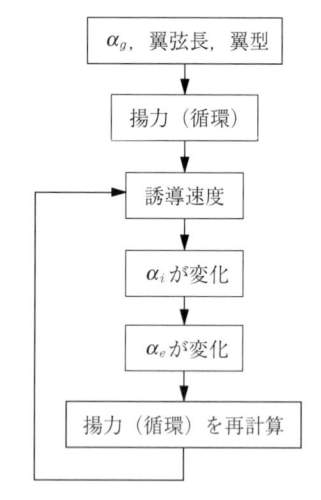

```
   ┌─────────────────────┐
   │ α_g, 翼弦長, 翼型    │
   └──────────┬──────────┘
              ↓
   ┌─────────────────────┐
   │    揚力（循環）      │
   └──────────┬──────────┘
              ↓
   ┌─────────────────────┐
 ┌→│      誘導速度        │
 │ └──────────┬──────────┘
 │            ↓
 │ ┌─────────────────────┐
 │ │     α_i が変化       │
 │ └──────────┬──────────┘
 │            ↓
 │ ┌─────────────────────┐
 │ │     α_e が変化       │
 │ └──────────┬──────────┘
 │            ↓
 │ ┌─────────────────────┐
 └─│ 揚力（循環）を再計算 │
   └─────────────────────┘
```

それぞれの変数はスパン方向に変化する

図 2.7 3次元翼の計算ルーチン

翼端が有限の翼弦長を持つ場合（平面形において翼端が丸くない場合）は式 (2.19) の $d\Gamma/dy'$ が無限大になって計算が困難である。そこで実用的には次節で示す楕円翼の場合を基準にして，経験的に求めた修正係数を用いて誘導迎角や誘導抵抗を見積もることが多い。

2.3 楕 円 翼

循環分布が次式のように楕円で与えられる場合を考える。

$$\Gamma(y) = \Gamma_0 \sqrt{1 - \left(\frac{2y}{b}\right)^2} \tag{2.21}$$

ここで，Γ_0 は中央部（$y=0$）での循環である。誘導速度を求めるため，これを式 (2.13) に代入するとつぎのようになる。

$$w(y) = \frac{\Gamma_0}{\pi} \int_{-b/2}^{b/2} \frac{y'}{b^2 \sqrt{1-\left(\frac{2y'}{b}\right)^2}} \frac{dy'}{y'-y}$$

この積分を実行すると

2.3 楕円翼

$$w(y) = \frac{\Gamma_0}{2b} \tag{2.22}$$

となる。この式から誘導速度は，全スパンにわたって一定値をとることがわかる。揚力はつぎのようになる。

$$L = \rho U \int_{-b/2}^{b/2} \Gamma dy = \rho U \Gamma_0 \int_{-b/2}^{b/2} \sqrt{1-\left(\frac{2y}{b}\right)^2} dy = \frac{\rho U \Gamma_0 b \pi}{4}$$

$$\therefore \quad C_L = \frac{\Gamma_0 b \pi}{2US} \tag{2.23}$$

ここで S は翼面積である。誘導抵抗は式 (2.15), (2.22) より，つぎのようになる。

$$D_i = \rho \int_{-b/2}^{b/2} w \Gamma dy = \frac{\rho \Gamma_0^2}{2b} \int_{-b/2}^{b/2} \sqrt{1-\left(\frac{2y}{b}\right)^2} dy = \frac{\pi}{8} \rho \Gamma_0^2 \tag{2.24}$$

$$\therefore \quad C_{Di} = \frac{\pi}{4} \frac{\Gamma_0^2}{4U^2 S} = \frac{C_L^2}{\pi A} \tag{2.25}$$

ここで

$$A \equiv \frac{b^2}{S} \tag{2.26}$$

は翼の**縦横比**（aspect ratio）である。式 (2.25) から，誘導抵抗は揚力がある限り避けられないことがわかる。また誘導抵抗を小さくするには，縦横比を大きくすることが有効であることもわかる。

揚力とスパンが決まっているとき，循環の分布形が楕円の場合に誘導抵抗が最小となることが知られている[4]。ただし楕円でない循環分布の場合も，誘導抵抗は式 (2.25) と大きな差はない。

スパン dy の翼素の揚力は，クッタ・ジューコフスキーの定理の式 (2.1) と式 (2.17) より，つぎのように書ける。

$$dL = \rho U \Gamma dy = \frac{1}{2} \rho U^2 C a \alpha_e dy$$

これを Γ について解いて，式 (2.16) を代入すると

$$\Gamma = \frac{1}{2} UC(y) a\{\alpha_g(y) - \alpha_i(y)\} \tag{2.27}$$

となる。循環の定義は流速を翼のまわりに一周線積分したものであるが、翼の形状に関連付ければ式 (2.27) のようになる。循環の y 方向の分布を楕円にしたい場合、式 (2.27) から、必ずしも平面形を楕円にする必要はなく、幾何迎角の分布を適切に設計することによって、循環分布を楕円に近づけることが可能であることがわかる。

楕円翼の誘導速度は式 (2.22) であるから、誘導迎角は

$$\alpha_i = \frac{\Gamma_0}{2bU} \tag{2.28}$$

となり、また式 (2.23) から

$$\Gamma_0 = C_L \frac{2US}{b\pi}$$

が成立するから

$$\alpha_i = \frac{C_L}{\pi A} \tag{2.29}$$

となる。したがって、有効迎角は

$$\alpha_e = \alpha_g - \alpha_i = \alpha_g - \frac{C_L}{\pi A} \tag{2.30}$$

となる。揚力係数は、揚力傾斜と有効迎角との積であるから

$$C_L \simeq a\alpha_e = a\left(\alpha_g - \frac{C_L}{\pi A}\right)$$

となる。この式は、流れの方向が α_i だけ傾くことによる迎角の変化を考慮した式である。揚力を無限上流の主流と直角方向(飛行機の進行方向に直角方向)の力と考えると、さらに $\cos \alpha_i$ を乗じなければならないが、α_i を微小と考えて省略する。上式を C_L について解くと

$$C_L = \frac{a}{1 + \dfrac{a}{\pi A}} \alpha_g \tag{2.31}$$

となる。2次元翼の揚力傾斜が a であるのに対して、3次元の楕円翼の揚力傾斜は、式 (2.31) から

$$\frac{a}{1+\dfrac{a}{\pi A}} \tag{2.32}$$

となり，2次元翼の場合より小さくなることがわかる。a は理論的には 2π に，実験的にも失速していない領域ではほぼ 2π に等しいので，それを式 (2.32) に代入すると

$$C_L = \frac{2\pi}{1+\dfrac{2}{A}} a_g \tag{2.33}$$

となる。式 (2.33) および式 (2.25) から，縦横比を大きくするほど揚力傾斜が大きく，誘導抵抗が小さくなる。つまり，翼の機能が向上することがわかる。

2.4 一般の3次元翼

循環分布が楕円でない翼の誘導抵抗は揚力線理論により計算できるが，計算が面倒であり，また楕円翼の場合と大きな差はないので，つぎの近似式が実用的である。

$$C_{Di} = \frac{C_L^2}{\pi e A} \tag{2.34}$$

ここで e は翼幅効率（span efficiency）と呼ばれ，その値を図 2.8 に示す。

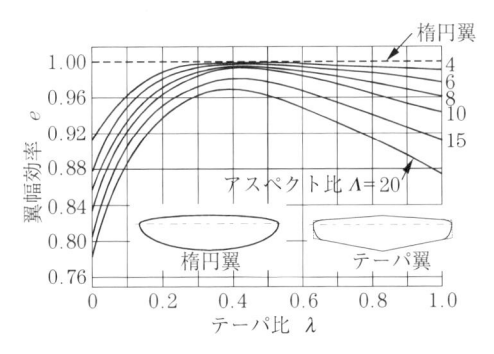

図 2.8 テーパ翼の翼幅効率[5),6)]

これにより，矩形翼やテーパ翼の誘導抵抗を簡単に求めることができる。このグラフは図に示すように，テーパ翼（テーパ比1を含む）の翼端部を丸くカットしたものを用いて実験と計算により求めたものである。

翼型の評価・比較をする場合には，3次元翼では同じ翼型でもアスペクト比などによって特性が異なるので，2次元翼に統一すると便利である。しかし，実際の風洞試験では2次元翼で計測することが困難で，3次元翼で計測する場合がある。3次元翼の空力特性から2次元翼の空力特性を推定するには，式 (2.29) により揚力係数から誘導迎角を計算し，また式 (2.34) により誘導抵抗を計算し，図 2.9 に示すように修正することにより求まる。ただし近似を含んでいるので，若干の誤差を伴うことは念頭に置く必要がある。

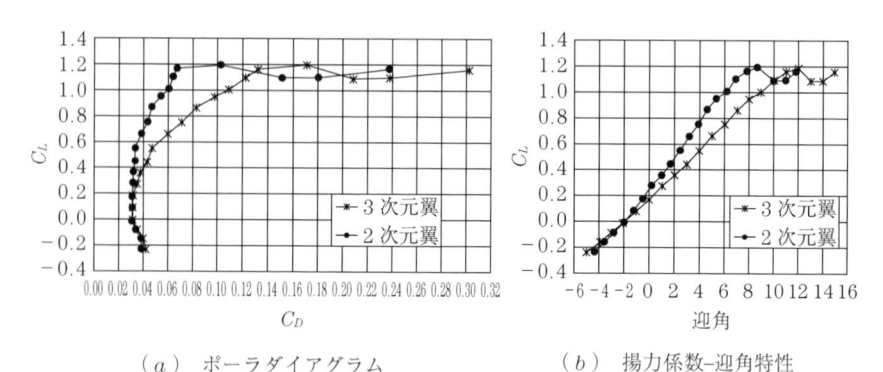

(a) ポーラダイアグラム　　(b) 揚力係数-迎角特性

図 2.9　3次元翼の実測値から2次元翼特性への変換例（アスペクト比6.6の楕円翼）

演 習 問 題

【1】 主流方向の長さ 80 mm，スパン 400 mm の平板が，気流中に，迎角 4° で置かれたとき，揚力係数はいくらか。ただし流れは2次元流れとする。また，その揚力係数が3次元流れで実現しているとして，誘導抵抗と誘導迎角はいくらか。

【2】 3次元翼で揚力係数が 0.7 のとき，アスペクト比が 1，5，10 の場合の誘導抵抗係数と誘導迎角を求めよ。ただし，翼の平面形は矩形とする。

【3】 神戸空港から羽田空港までの距離は 400 km である。グライダが神戸空港の上空 8 000 m から出発して，羽田空港までたどり着くには，グライダの揚抗比はいくら以上でなければならないか。ただし，風（上昇気流，追い風，向かい風）はないものとする。

【4】 ボーイング 747-400 は質量 395 t，翼面積 530 m^2，翼幅 65 m，離陸時の速度 250 km/h，巡航高度 10 000 m，巡航速度 900 km/h である。地上での空気密度は 1.2 kg/m^3，動粘性係数は 1.5×10^{-5} m^2/s である。上空 10 000 m では，気圧 0.26 気圧，空気密度 0.4 kg/m^3，温度 $-50°$C，動粘性係数 3.6×10^{-5} m^2/s である。以下の問いに答えよ。
  （1） 平均翼弦長はいくらか。
  （2） 翼のアスペクト比（縦横比）はいくらか。
  （3） 離陸時の揚力係数はいくらか。
  （4） 離陸時のレイノルズ数はいくらか。ただし，代表長さを平均翼弦長とする。
  （5） 巡航での揚力係数はいくらか。
  （6） 巡航でのレイノルズ数はいくらか。ただし，代表長さを平均翼弦長とする。

3

翼の空力特性の実験データ

2章までは翼に関する理論を述べた。本章では実験に基づく実際の翼の特性を解説する。

3.1 翼　型

翼の断面形状を翼型(よくがた)という。図3.1には翼型の各部位の名称と形状を表すパラメータを示す。

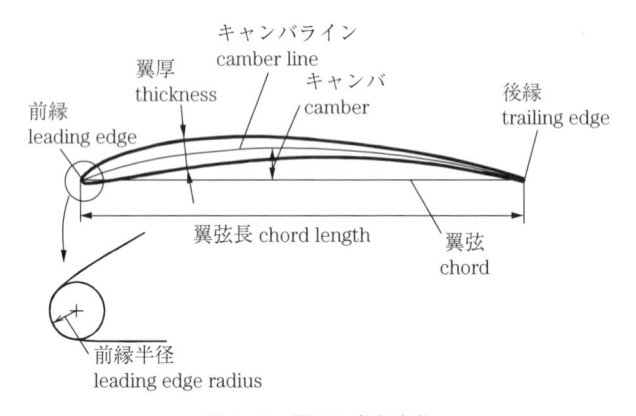

図3.1 翼型の各部名称

3.2 空力係数

翼型に作用する空気力を，つぎの式により無次元化する。

3.2 空力係数

揚力係数（lift coefficient） $\quad C_l = \dfrac{L}{\dfrac{1}{2}\rho U^2 S}$ （3.1）

抵抗係数（drag coefficient） $\quad C_d = \dfrac{D}{\dfrac{1}{2}\rho U^2 S}$ （3.2）

モーメント係数（moment coefficient） $\quad C_{mc/4} = \dfrac{M}{\dfrac{1}{2}\rho U^2 S C}$ （3.3）

ここで，L：**揚力**（lift），ρ：空気密度，U：**主流速度**（main stream velocity），S：**主翼面積**（wing area），D：**空気抵抗**（drag），M：**モーメント**（moment），C：**翼弦長**（chord length）である。モーメント係数の添え字 $C/4$ は前縁から翼弦長の 1/4 後退した位置のまわりのモーメントであることを示す。モーメント係数は基準点によって値が異なるため，これを記述する場合は基準点を明記する必要がある。$C/4$ は通常の翼型では**空力中心**（aerodynamic center，略して ac）に近い。空力中心とは，迎角が変化してもモーメント係数が変化しない点と定義される。ちなみに風圧中心，あるいは圧力中心（center of pressure）はモーメントが 0 になる点と定義される。通常の翼型では前縁から $0.3C$ 付近に存在する。したがって，空力中心におけるモーメントは 0 ではなくて，マイナスの値になる。

　揚力係数，抵抗係数の記号は，3 次元翼のときは C_L，C_D，2 次元翼のときは C_l，C_d とする。空気抵抗，揚力，モーメントはレイノルズ数が約 10^3 以上であれば速度の 2 乗に比例し（運動量の法則による），流体の密度と翼面積に比例するので，式（3.1）〜（3.3）で係数を定義する。それぞれの係数は迎角，翼型の形状（表面の粗さも含む），およびレイノルズ数に依存して変化する。したがって翼型の空力特性を議論する場合は，その三つの条件を明記しなければならない。

　空力係数は**図 3.2** のようなグラフで表す。図（a）で示す**ポーラダイアグラム**（polar diagram）は極曲線，揚抗曲線などとも呼ばれ，翼の性能として最も重要な揚抗比が視覚的にわかりやすいため，よく用いられる。また，流体

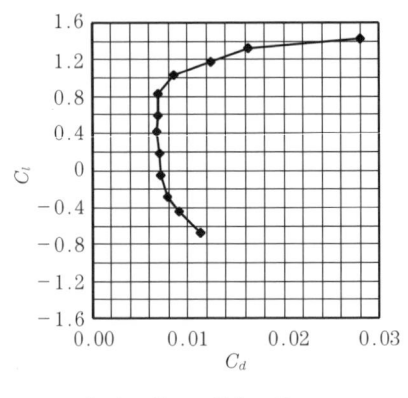

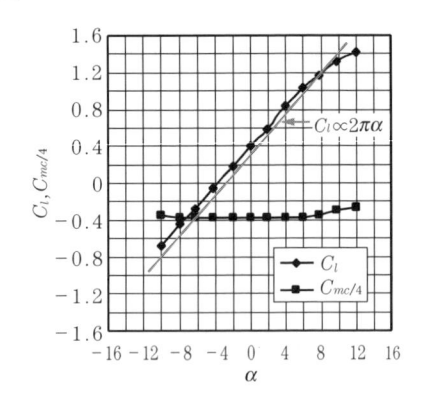

(a) ポーラダイアグラム　　　　　　(b) 揚力係数-迎角特性

図 **3.2** 翼の空力特性の例（NACA4412, $Re = 3\,000\,000$）[7]

機械を設計する場合に，最初に揚力係数を決めて，その揚力係数で抵抗係数が最小である翼型を選定する場合が多く，その場合ポーラダイアグラムは使いやすい．図（b）は，迎角に対する揚力係数とモーメント係数の図である．

3.3節では翼型の空力特性の実験データを示すが，すべて2次元特性，すなわちスパン無限大の場合の翼の特性である．実験は3次元翼で行われる場合が多いが，**2.4**節で説明した方法で2次元翼特性に換算したものが以下のデータである．

3.3　NACA 4 字系列の翼型[7]

流体機械の設計において，使用条件に適した翼型を選定する場合，翼型の「カタログ」があると便利である．アメリカのNACA（National Advisory Committee for Aeronautics，現在のアメリカ航空宇宙局NASAの前身）が作成した「カタログ」は，**翼厚**（thickness）や**キャンバ**（camber）を系統的に変化させて，それぞれの空力特性を風洞試験し，データ集としたものであり，現在でも広く使われている．系統的に形状を変化させるため，翼厚分布はつぎの関数とした．

3.3 NACA 4字系列の翼型

$$\pm y_t = \frac{t}{0.2}(0.2969\sqrt{x} - 0.1260x - 0.3516x^2 + 0.2843x^3 - 0.1015x^4) \tag{3.4}$$

ここで t は最大厚み，x は前縁を原点とし翼弦線に沿った座標であり，いずれも翼弦長を 1 とした場合の値とする．

前縁半径（radius of leading edge）は，次式のように決める．

$$r_t = 1.1019 t^2 \tag{3.5}$$

キャンバライン（camber line）は，つぎの関数とした．

$$y_c = \frac{m}{p^2}(2px - x^2) \qquad 最大値より前の範囲 \tag{3.6}$$

$$y_c = \frac{m}{(1-p)^2}\{(1-2p) + 2px - x^2\} \qquad 最大値より後ろの範囲 \tag{3.7}$$

ここで，m はキャンバの最大値，p はキャンバが最大になる x の値，いずれも翼弦長を 1 とした値とする．

図 3.3 と図 3.4 には，式 (3.4), (3.6) より計算した翼厚分布とキャンバ分布を示す．図 3.4 では，キャンバが最大になる位置を $x=0.4$ としている．このように数式を使うことにより，形状を系統的に変化させることができる．

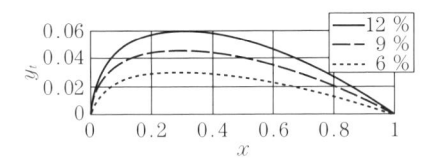

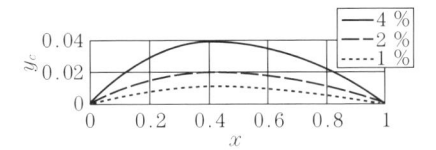

図 3.3 式 (3.4) による翼厚分布 **図 3.4** 式 (3.6) によるキャンバ分布

NACA 4 字系列では翼型を四つの数字で表す．例えば，NACA 2412 では

最初の 2：キャンバの最大値 m が翼弦長の 2 ％

2 番目の 4：キャンバが最大になる位置 p が $x=0.4$

最後の 12：最大厚み t が翼弦長の 12 ％

を意味する．

翼型の図を描くには，式 (3.4)〜(3.6) をエクセルで計算し，グラフ化することにより簡単に行える。

3.4 翼型の形状と空力特性の関係

翼の空気抵抗は，以下の三つの成分から成る。

① 摩擦抵抗（friction drag）

摩擦抵抗とは，空気の粘性による翼表面の摩擦力である。

② 圧力抵抗（pressure drag）

圧力抵抗とは，気流のはく離により圧力が変化することによる抵抗である。完全にはく離しない場合はこの抵抗は 0 である（ダランベールのパラドックス）。

③ 誘導抵抗（induced drag）

誘導抵抗とは，揚力の発生に伴う抵抗である。

(a) ポーラダイアグラム　　(b) 揚力係数-迎角特性

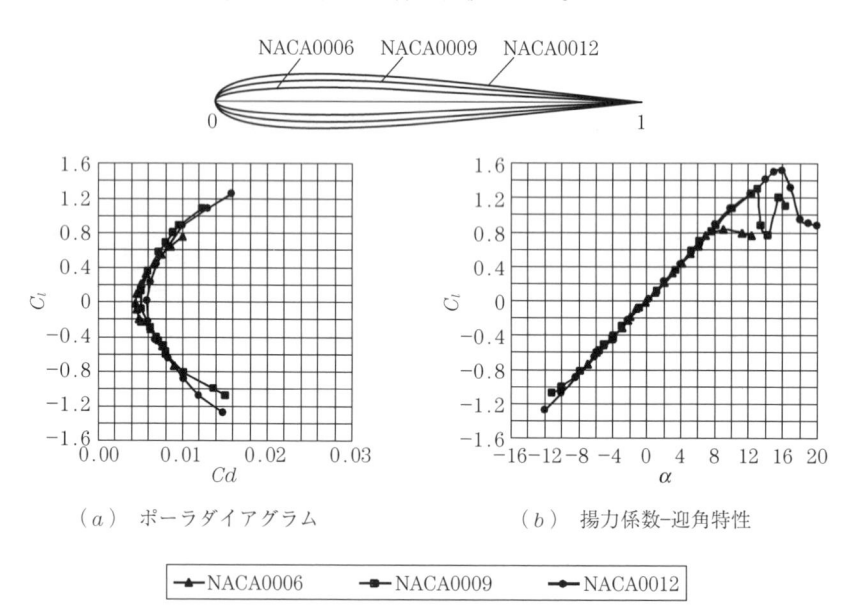

→ NACA0006　　→ NACA0009　　→ NACA0012

図 3.5　翼厚の影響（対称翼，$Re=3\,000\,000$）

3.4 翼型の形状と空力特性の関係

①と②の合計は**翼型抵抗**（profile drag），あるいは**有害抵抗**（parasite drag）とも呼ばれ，2次元翼の風洞実験によって得られるので，2次元翼の抵抗ともいわれる．③については**2**章で解説した．

以下では，NACA 4字系列の実験データなどを引用して，翼型の形状と空力特性の関係を見ていく．まず，翼厚の影響を**図 3.5** に示す．3種類の厚みを持つ対称翼を比較する．図 (b) を見ると揚力傾斜はどの翼もほとんど等しいこと，厚い翼ほど失速する迎角が大きくなることがわかる．図 (a) を見ると揚力係数が小さい場合は薄い翼の方が抵抗係数が小さいこと，しかし大きな揚力係数になると逆に厚い翼の方が抵抗が小さいことがわかる．したがって，どの程度の揚力係数で使うかによって，最適な厚みが変わることがわかる．

(a) ポーラダイアグラム　　　　(b) 揚力係数-迎角特性

―◆― NACA0012　　―■― NACA1412　　―▲― NACA2412　　―✕― NACA4412

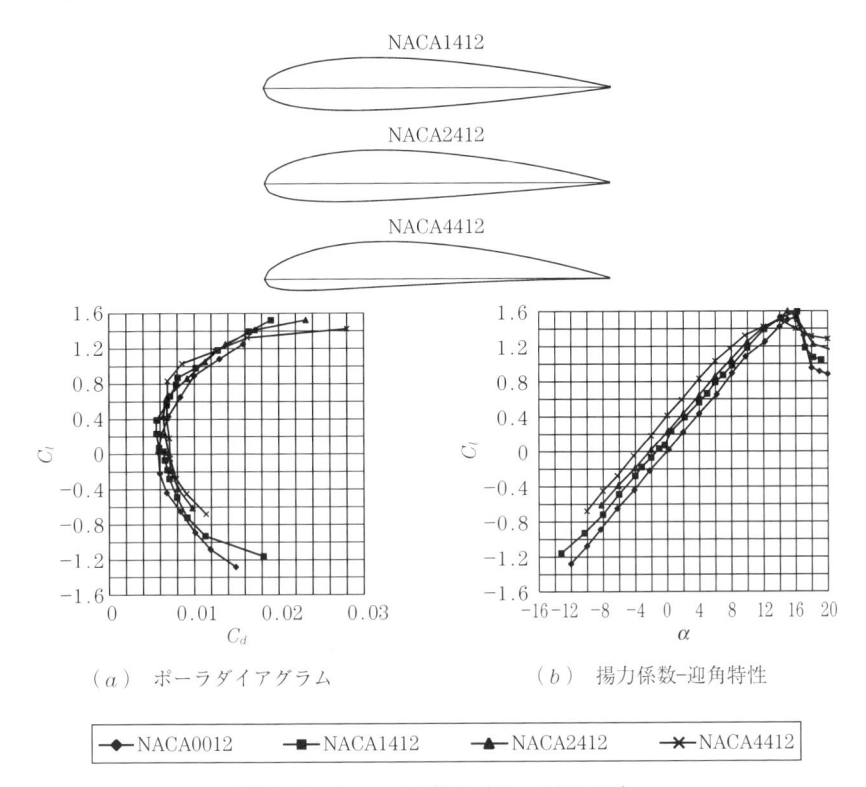

図 **3.6**　キャンバの効果（$Re = 3\,000\,000$）

46   3. 翼の空力特性の実験データ

つぎにキャンバの影響を図 **3.6** に示す。図 (*b*) を見ると，キャンバが大きくなるほど揚力係数が増加するが，揚力傾斜は変わらないことがわかる。図 (*a*) からは，0付近の揚力係数においてはキャンバの小さい翼の方が抵抗が小さいが，揚力係数が大きい領域 (0.5〜1.2) ではキャンバの大きい翼の方が抵抗係数が小さいことがわかる。以上のことから，揚力傾斜はキャンバを変更しても増やすことはできないこと，また，大きな揚力係数で使う場合はキャンバをつけた方がよい（抵抗が少ない）ことがわかる。前述した厚みの影響も考え合わせると，大きな揚力係数で使う場合は厚みとキャンバを持った翼型が適している。厚みを持った翼型が適していることは，構造強度の面でも好都合である。ただし，極端に厚くなると性能が落ちる（抵抗が増える）ことはいうまでもない。どの程度にするかは使用条件と「カタログ」を参照して決めることになる。

3.5 レイノルズ数の影響

3.5.1 3 000 000 以上の場合

レイノルズ数の影響を NACA の実験データ[7]（NACA の Langley two-

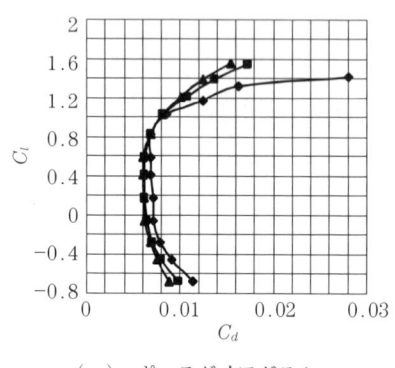

(*a*) ポーラダイアグラム   (*b*) 揚力係数-迎角特性

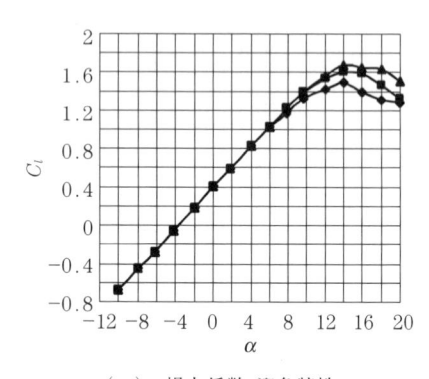

◆ Re = 3 000 000   ■ Re = 6 000 000   ▲ Re = 9 000 000

図 **3.7** レイノルズ数の影響（1）（NACA4412, 2次元翼）

dimensional low-turbulence pressure tunnel で計測されたもの）から整理すると，図 3.7 のようになる．$Re=3\,000\,000$ は，例えば翼弦長 1 m の飛行機が速度 45 m/s で飛行する場合に相当する．図（a）から，全体的にレイノルズ数が増加するに従い抵抗係数が低下する傾向がある．それは揚力係数が大きい領域にいくほど顕著になる．図（b）から，迎角 6°以下ではレイノルズ数の影響はほとんどないが，迎角 8°以上ではレイノルズ数が大きいほど揚力係数が大きく，失速が遅れる傾向にあることがわかる．

3.5.2　100 000〜3 000 000 の場合

このレイノルズ数の範囲では，NACA の**可変圧力風洞**（variable density wind tunnel，略して VDT）で計測されたデータ[8]があり，整理すると図 3.8

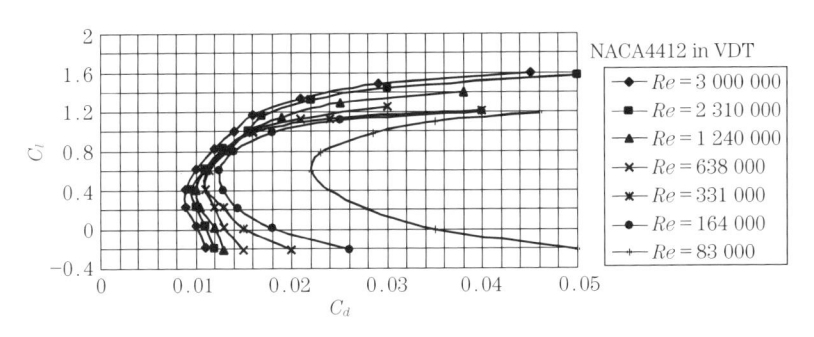

（a）　ポーラダイアグラム

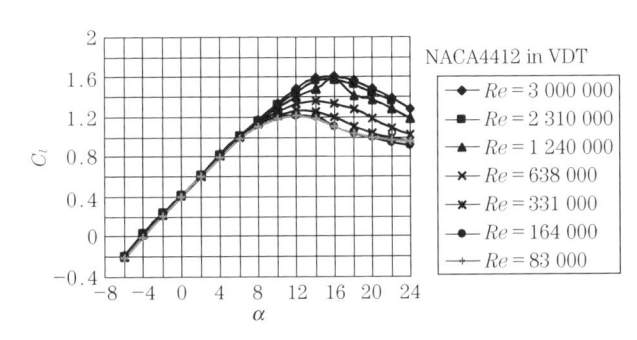

（b）　揚力係数−迎角特性

図 3.8　レイノルズ数の影響（2）（NACA4412，2 次元翼）

のようになる。図（a）からわかることは，レイノルズ数が3 000 000から低下していくと徐々に抵抗係数が増えていき，160 000をわると急激に増加することである。最大揚抗比は**図3.16**に示しているが，$Re=3\,000\,000$で73あったものが，$Re=83\,000$では34まで低下している。つまり，翼としての性能が半減していると考えてよい。図（b）からは，レイノルズ数が低下していくと最大揚力係数が低下し，失速する迎角も低下することがわかる。

3.5.3　20 000〜200 000の場合

このレイノルズ数の範囲でSchmitzが詳細な風洞試験を行った。彼は模型飛行機に用いる目的で，低いレイノルズ数での翼の風洞試験を系統的に行った。厚み9.8％の翼型の空力特性を**図3.9**に示す。この場合空力特性は，**3.5.2**項までの大きなレイノルズ数の場合に比べて，以下の多くの違いがある。

① レイノルズ数の低下に伴って揚力係数が減少し抵抗係数が増加し，その変化量は高レイノルズ数の場合よりはるかに大きい。

② **ヒステリシス**（hysteresis）が存在する。つまり迎角に対して揚力係数や抵抗係数が一意的に決まらず，履歴（その迎角になる前の流れの状態）によって同じ迎角でも空力係数が異なる。

③ 空気抵抗が全体的に大きい。例えば最小の抵抗係数は**3.5.2**項の$Re>100\,000$では0.01付近だったが，**図3.9**（a）を見ると$Re=63\,000$では0.05付近まで大幅に増加する。

④ 揚力係数は全体的に小さい。例えば最大揚力係数は**3.5.2**項の$Re>1\,000\,000$では約1.6であったが，**図3.9**（b）の$Re=63\,000$では0.8まで低下する。

⑤ 揚力傾斜は失速以前の迎角領域において，$Re>100\,000$ではほとんど理論どおりの2πであるが，100 000より低下するとしだいに低下する。

このヒステリシスが生じる原因は，流れパターンにヒステリシスがあるためである。$Re=84\,000$の場合を例にとると，空力係数と流れパターン，圧力分

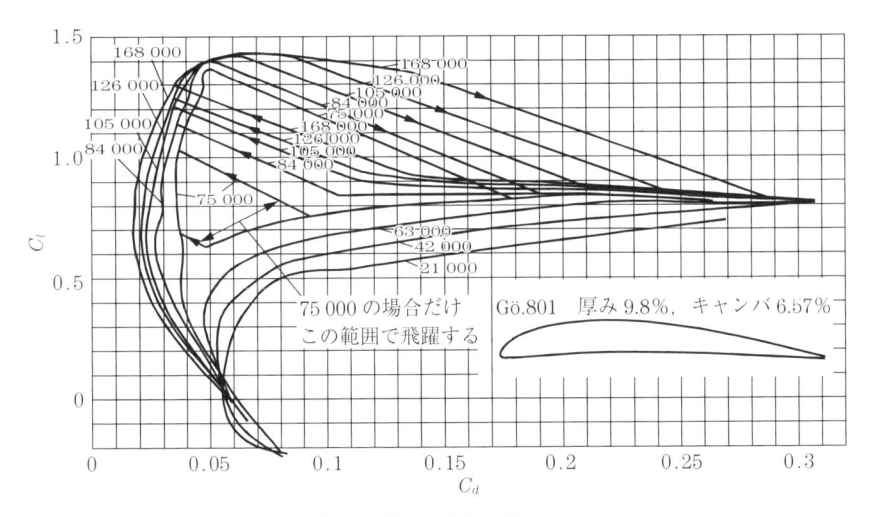

(a) ポーラダイアグラム

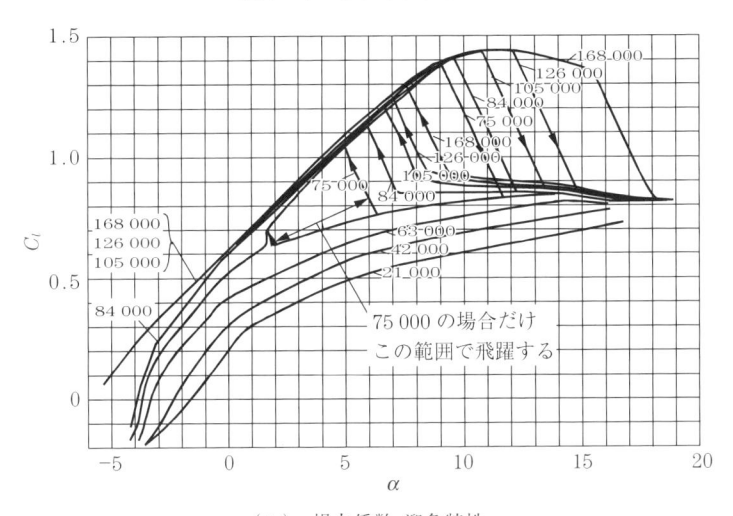

(b) 揚力係数-迎角特性

図 3.9 レイノルズ数の影響（3）（Gö.801，アスペクト比：5）[9]

布の関係は図 3.10 のようになっていると推定される。図（ b ）と図（ e ）では迎角は 8° と同じであるが，履歴によって空力係数，流れパターン，圧力分布が図のように異なる。

Schmitz は，約 3 ％の薄い翼型の風洞試験も行った。そのデータを図 3.11

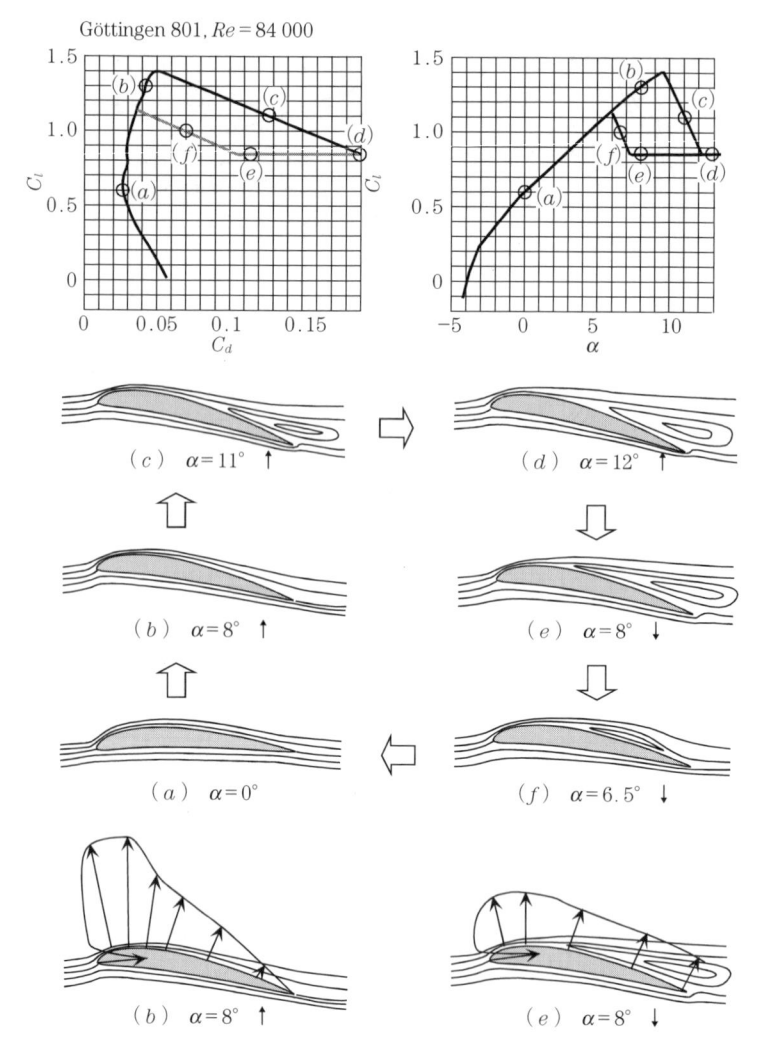

50   3. 翼の空力特性の実験データ

Göttingen 801, $Re = 84\,000$

図 3.10 ヒステリシスを持つ空力特性と流れパターン，圧力分布の関係（模式図）

に示す．薄翼では厚翼と対照的に，レイノルズ数による揚力係数，抵抗係数の変化がほとんどない．厚い Gö.801 と比較すると，高レイノルズ数 $Re = 125\,000$ では Gö.801 より空力性能は劣り（抵抗係数は大きく揚力係数は小さい），低レイノルズ数 $40\,000$ 以下では厚翼より優れる．

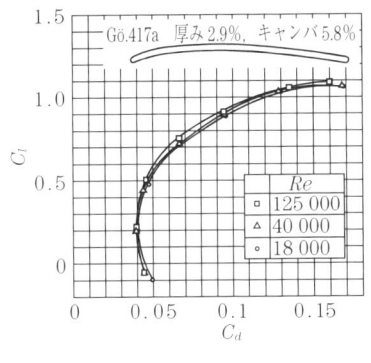

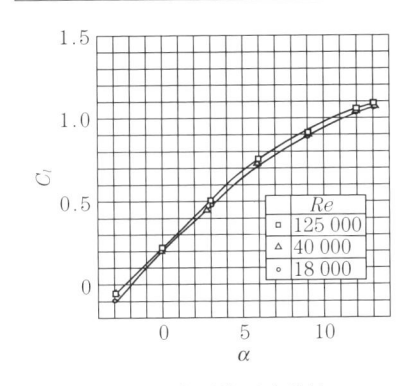

(a) ポーラダイアグラム　　　(b) 揚力係数-迎角特性

図 3.11　レイノルズ数の影響（4）(Gö.417a，アスペクト比：5)[9]

3.5.4　20 000 以下の場合

このレイノルズ数領域は，紙飛行機やトンボなどの領域で，空気力は微小で

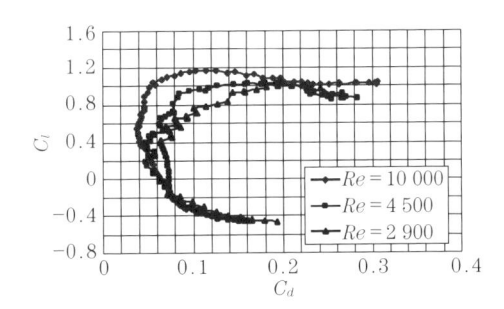

(a) ポーラダイアグラム

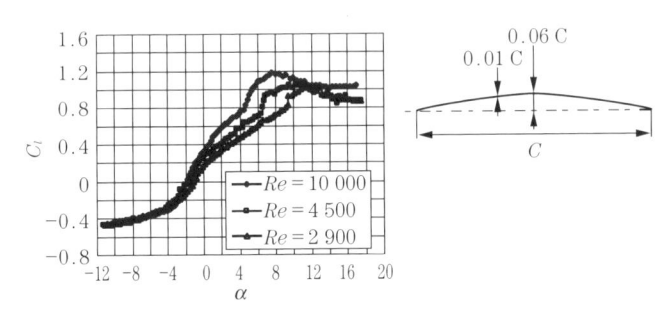

(b) 揚力係数-迎角特性

図 3.12　円弧翼の特性（2次元翼特性に変換）[10),11)]

計測が難しいため，データはきわめて少ない。図 **3.12** には岡本による紙飛行機に用いられる円弧翼の特性を示す。**3.5.3** 項に示した薄翼 Gö.417a に比べて，図の円弧翼では $Re=10\ 000$ で近いレベルにあるが，$Re=4\ 500$ 以下になると最小抵抗定数が大きく，最大揚力係数が小さくなることが読み取れる。また図 (b) から，揚力係数が迎角に対して非線形になっている。これはレイノルズ数がきわめて低い場合の特徴である。

図 **3.13** は厚みを持った翼型 Clark Y の特性である[11]。この場合，レイノルズ数が図 **3.12** の円弧翼の場合より大きいにもかかわらず，最大揚力係数が小さい。これは低レイノルズ数において，厚翼では気流がはく離しやすいことを示している。

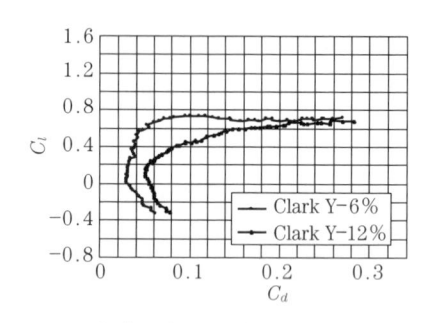

(a) ポーラダイアグラム

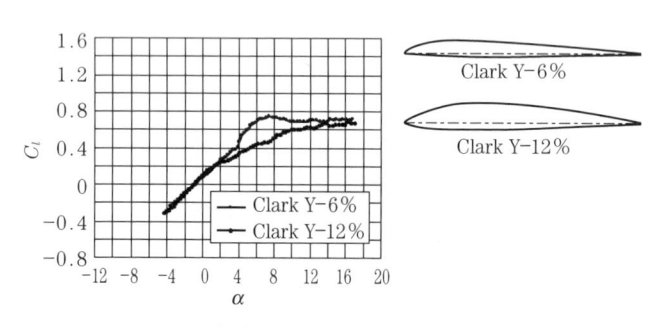

(b) 揚力係数-迎角特性

図 **3.13** Clark Y の特性（2次元翼特性に変換）

3.5.5 レイノルズ数依存性のまとめ

図 **3.14** は迎角を代表的な $6°$ とした場合の揚力係数と，最大揚力係数のレイノルズ依存性である。いずれも **3.5.1〜3.5.4** 項のデータを基に描いた。迎角 $6°$ における揚力係数は $Re > 8 \times 10^4$ ではほとんど一定であるが，そこからレイノルズ数が減少すると，$6 \sim 8 \times 10^4$ で急激に低下し，さらにレイノルズ数が低下していくと徐々に低下していく傾向となる。最大揚力係数は，全域でレイノルズ数の低下に伴って低下する傾向にあるが，$6 \sim 8 \times 10^4$ での低下が特に著しい。

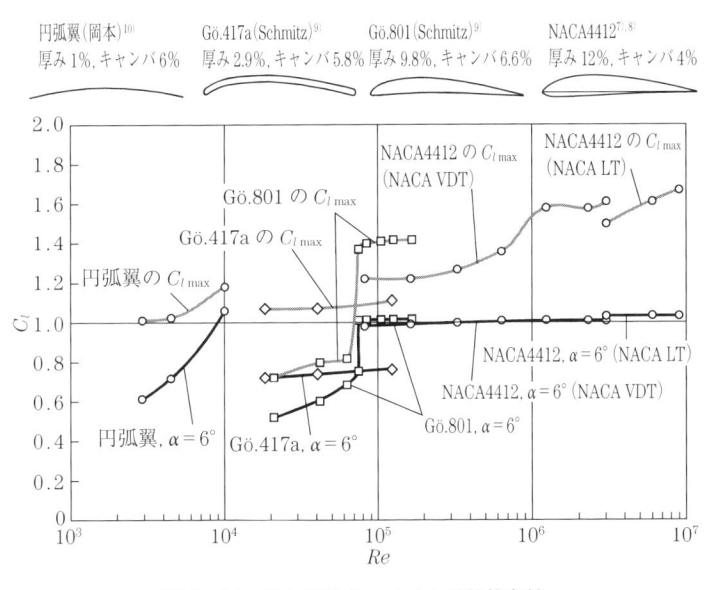

図 **3.14** 揚力係数のレイノルズ数依存性

図 **3.15** は抵抗係数のレイノルズ数依存性である。揚力係数とは逆にレイノルズ数の低下に伴って抵抗係数は増加する傾向にあって，特に $Re = 6 \sim 8 \times 10^4$ での変化が急激である。

図 **3.16** は揚抗比のレイノルズ数依存性である。揚抗比は変化量が大きいので対数表示したが，レイノルズ数が 10^6 オーダから 10^4 オーダまで低下すると，揚抗比はおよそ 1 桁低下することがわかる。これも $6 \sim 8 \times 10^4$ で変化が激

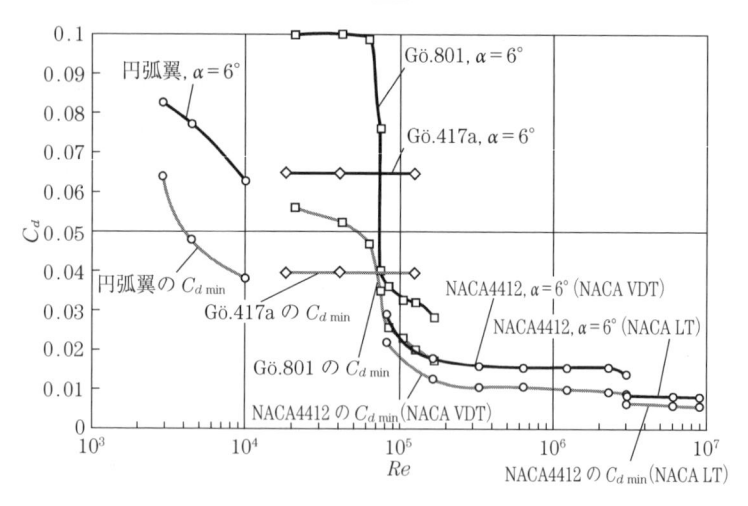

図 3.15 抵抗係数のレイノルズ数依存性

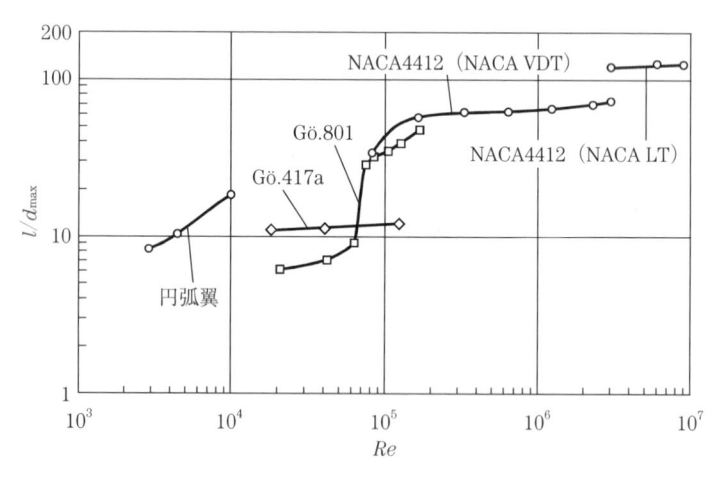

図 3.16 最大揚抗比のレイノルズ数依存性

しい。Schmitz はこれを翼における**臨界レイノルズ数**（critical Reynolds number）と呼んだ。

> **コーヒーブレイク**
>
> **気流の乱れの影響**
> 　図 3.15 において，$Re=8\times10^4\sim2\times10^5$ で NACA4412 の方が Gö.801 よりも抵抗係数が小さいのは，NACA の VDT（可変圧力風洞）の気流の乱れが大きいためであり，NACA のデータに誤差がある，と Gö.801 を計測した Schmitz は述べている．臨界レイノルズ数付近では，本来（静気流中を飛行した場合），層流はく離するのに，風洞の気流に乱れがあると，乱流への遷移が早まり，はく離しないことがある．このように臨界レイノルズ数付近で実験する場合には，風洞の気流の乱れを最小にする必要がある．

演 習 問 題

【1】 平均翼弦長 1 m，アスペクト比 20，テーパ比 0.6 のグライダが 45 m/s の速度で滑空する．揚力係数は 0.8，主翼以外の抵抗係数は 0.010 とする．このグライダは高さ 100 m から，何 m 先まで滑空できるか．ただし，翼型は NACA4412，空気の動粘性係数は $\nu=1.5\times10^{-5}$ m^2/s とする．

【2】 平均翼弦長 30 mm，アスペクト比 10，テーパ比 0.8 のグライダが 5 m/s の速度で滑空する．揚力係数は 0.8，主翼以外の抵抗係数は 0.010 とする．このグライダは高さ 100 m から，何 m 先まで滑空できるか．ただし，翼型はキャンバ 6 % の薄い円弧翼，空気の動粘性係数は $\nu=1.5\times10^{-5}$ m^2/s とする．

4

プロペラ

プロペラ (propeller) はエンジンや電動モータなどの**軸動力** (shaft power) を**推力** (thrust) に変換するための**回転翼** (rotating wing) である．これはジェットエンジンが普及した現在でも，小型航空機では広く使われている．またヘリコプタのロータ，船舶を推進するスクリュープロペラ，扇風機や軸流ファンなどについてもプロペラの理論が基礎になる．

本章ではその理論と，空力特性を予測計算する方法を解説する．*1* 章と *3* 章では 2 次元翼の理論と実験データを解説した．実際の翼はスパンが有限であるため 3 次元翼であり，その空力特性を知るには *2* 章で解説したように誘導速度を計算することが中心的課題であり，誘導速度は主流と直角方向であり比較的単純であった．プロペラの場合も誘導速度の計算が中心的課題であるが，プロペラにおける誘導速度は軸方向，回転方向，半径方向の 3 方向の成分を有するので，若干複雑になる．もし誘導速度を省略して考えると計算は簡単になるが，扇風機の例を考えると，誘導速度は扇風機が起こす風そのものになり，それの有無で羽に対する迎角が大きく異なることは容易に推測できるだろう．したがって，プロペラの空力特性を計算する場合には誘導速度を考慮することは必須である．

4.1 パラメータの定義

Ω：プロペラ回転の**角速度** (angular rotational speed of propeller) 〔rad/s〕

U：**主流速度** (main flow velocity)，**飛行速度** (flight speed) 〔m/s〕

Q：**トルク** (torque) 〔N·m〕

T：**推力** (thrust) 〔N〕

4.1 パラメータの定義

$P = \Omega Q$：プロペラが受けるトルクによる**パワー**（power）〔N・m/s〕

UT：推力によってなされるパワー〔N・m/s〕

R：プロペラ半径（radius）〔m〕

$D = 2R$：プロペラ直径（diameter）〔m〕

$n = \dfrac{\Omega}{2\pi}$：回転速度（rotational speed）〔rps〕

$\lambda = \dfrac{U}{\Omega R}$：**進行率**（advance ratio） $\hspace{2cm}(4.1)$

$J = \dfrac{U}{nD} = \pi\lambda$：**進行率**（advance ratio） $\hspace{2cm}(4.2)$

$C_T = \dfrac{T}{\rho n^2 D^4}, \quad T_c = \dfrac{T}{\frac{1}{2}\rho U^2 \pi R^2}$：**推力係数**（thrust coefficient） $\hspace{1cm}(4.3)$

$C_P = \dfrac{P}{\rho n^3 D^5}, \quad P_c = \dfrac{P}{\frac{1}{2}\rho U^3 \pi R^2}$：**パワー係数**（power coefficient） $\hspace{1cm}(4.4)$

$\eta = \dfrac{UT}{\Omega Q} = J\dfrac{C_T}{C_P} = \dfrac{T_c}{P_c}$：**効率**（efficiency） $\hspace{2cm}(4.5)$

プロペラの特性は**図 4.1** のように表す。進行率は進行速度と回転速度の比である。進行率が小さい状態とは，回転速度のわりに進行速度が小さい状態である。進行率が0というのは飛行機が静止してプロペラが回転している状態であり，この状態でプロペラを作動させるためには翼素の有効迎角が大きく，大きなトルクを必要とし，発生する推力も大きい。一方，進行率が大きい状態とは回転速度のわりに進行速度が大きい状態であり，翼素の有効迎角は小さく，

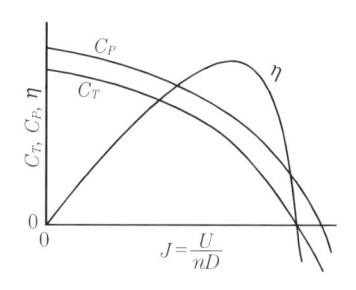

図 4.1 プロペラの空力特性

したがって必要なトルクは小さく，発生する推力も小さい。

進行率とは固定翼における迎角に似ていて，進行率が決まると，誘導速度と主流速度の比が決まり，流れパターンが決まるので，各半径位置での翼素の有効迎角が決まり，そして推力係数，パワー係数も決まる。進行率，推力係数，パワー係数は無次元のため速度の絶対値には依存しない。ただし，有効迎角から推力係数，パワー係数が決まるところで，翼素の空力特性（迎角→揚力係数，抵抗係数）が関係するので，レイノルズ数が関係する。以上が定性的な説明である。**4.2**節以降で定量的に解説する。

4.2 単純運動量理論

プロペラを，流体に運動量を加える円盤と考える。これを**プロペラディスク**（propeller disk）という。プロペラディスクにより加速された流れを**スリップストリーム**（slip stream）という。まず，以下を仮定する。

① 運動量は主流方向のみ，いわゆる準1次元流れと考える。したがって加速による縮流は考えるが，半径方向や回転方向の速度は考えない。

② プロペラディスク内も含めて，その前後のスリップストリーム内での速度分布は一様である。

以上の仮定のもとに各パラメータを**図4.2**のように定義する，つまり，はるか上流の一様流の速度（＝飛行速度）をU，プロペラディスクでの速度をuとし，十分下流のスリップストリームでの速度をu_1とする。プロペラディ

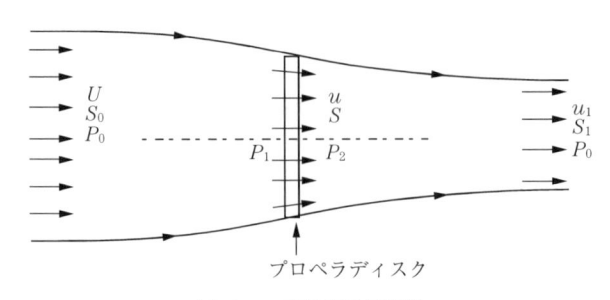

図 **4.2** 単純運動量理論

スクの面積を S ($=\pi R^2$) とし，その外周を通る流線を十分上流にさかのぼったところの面積を S_0，下流にたどったところの面積を S_1 とする。プロペラディスクを通過する流量は，連続式から次式で表すことができる。

$$US_0 = uS = u_1 S_1 \tag{4.6}$$

空気密度を ρ とすると，上流から下流への運動量の増加量は $(u_1 - U)\rho u S$ と書くことができ，運動量理論からこれはプロペラディスクから流体に作用した力に等しく，その反作用で流体からプロペラディスクに作用する力，すなわち推力 T に等しいので，次式が成立する。

$$T = (u_1 - U)\rho u S \tag{4.7}$$

図 *4.2* に示すように静圧は上流と下流では大気圧 P_0 に等しい。プロペラディスク前後での圧力をそれぞれ P_1, P_2 とする。上流からプロペラディスク前面へ，また，プロペラディスク後面から下流へそれぞれベルヌーイの定理を適用すると

$$P_0 + \frac{1}{2}\rho U^2 = P_1 + \frac{1}{2}\rho u^2 \tag{4.8}$$

$$P_2 + \frac{1}{2}\rho u^2 = P_0 + \frac{1}{2}\rho u_1^2 \tag{4.9}$$

となる。両式の和をとると

$$P_2 - P_1 = \frac{1}{2}\rho(u_1^2 - U^2) \tag{4.10}$$

となり，この圧力差にプロペラディスクの面積を掛ければ推力になるので

$$T = S(P_2 - P_1) = \frac{1}{2}\rho(u_1^2 - U^2)S \tag{4.11}$$

である。これは式 (4.7) による推力と等しいはずであるから

$$\frac{1}{2}\rho(u_1^2 - U^2)S = (u_1 - U)\rho u S$$

となり，したがって次式のようになる。

$$u = \frac{1}{2}(u_1 + U) \tag{4.12}$$

式 (4.12) から，プロペラにおける流速は上流の速度（主流速度）と，十分

後流のスリップストリームの速度との平均であることがわかる。

つぎに効率を求めるためにエネルギーを考える。上流からスリップストリームにかけての運動エネルギーの増加は

$$E_1 = \frac{1}{2}\rho u_1 S_1 (u_1^2 - U^2) \qquad (4.13)$$

であり，これはプロペラが流れに与える単位時間当りのエネルギーである。一方，大気に固定した座標から見ると，スリップストリームに与えられるエネルギーは

$$E_2 = \frac{1}{2}\rho u_1 S_1 (u_1 - U)^2 \qquad (4.14)$$

である。これはプロペラが通過したあとに残される単位時間当りのエネルギーである。ここではブレードにおける摩擦や流れのはく離による損失は考慮せず，また流れの主流方向以外の成分は考えないので，プロペラが流れに与えるエネルギー（式 (4.13)）は，スリップストリームに残すエネルギー（式 (4.14)）と推力によるエネルギーの和に等しいと考えられるから

$$E_1 = E_2 + UT \qquad (4.15)$$

となる。実際，式 (4.15) の右辺に式 (4.14) と式 (4.7) を代入し，式 (4.6) を用いれば式 (4.13) に等しくなり，式 (4.15) が成立することが確認できる。

ブレードにおける摩擦などの損失がないと仮定しているので，プロペラが受け取る動力（$Q\Omega$）はプロペラが流れに与えるエネルギー E_1 に等しく

$$Q\Omega = E_1 = \frac{1}{2}\rho u_1 S_1 (u_1^2 - U^2) \qquad (4.16)$$

が成立する。一方，プロペラがなす仕事は推力によるエネルギー UT であるので，プロペラの効率は次式のようになる。

$$\eta \equiv \frac{UT}{Q\Omega} = \frac{\frac{1}{2}\rho(u_1^2 - U^2)US}{\frac{1}{2}\rho u_1 S_1(u_1^2 - U^2)} = \frac{US}{u_1 S_1} = \frac{U}{u} \qquad (4.17)$$

この式の変形では式 (4.6)，(4.11) を用いている。この式から，プロペラ

における流速が大きいほど効率は悪くなることがわかる。しかし $u=U$ ではプロペラは流れを加速しないから，推力は 0 でプロペラの機能を果たしていない。また，式（4.17）からは，必要な推力を確保しながらプロペラの効率を上げるには，直径を増加して u をできるだけ低く抑えることが有効であると読み取れる。このように単純運動量理論（simple momentum theory）では多くの仮定を設定しているが，プロペラ直径は大きいほど効率がよいという，重要な所見が得られる。実際の設計に際しては，プロペラの直径は，翼端でのマッハ数や機体の大きさとのバランスなどにより制約を受ける。

ホバリングしているヘリコプタのロータや，地上に固定された扇風機などは $U=0$ であるから式（4.17）から効率は 0 になってしまうので，ロータの空

コーヒーブレイク

プロペラの大きさ

航空機のプロペラは直径が大きいほど効率がよい，という結果を得たが，プロペラの直径はいくつかの制約により，むやみに大きくできない。軽飛行機などでは，プロペラの直径が大きくなると先端の速度が音速に近づき空気抵抗が急増すること，またランディングギヤを長くしなければならないこと，さらに重要なことは，プロペラの直径を大きくするとエンジンに対して低回転高トルクの特性が要求され，一般に内燃機関はそのような要求には向いていないことである。以上のような制約がないのは，ゴム動力の模型飛行機である。ゴムを巻いたときのトルクは回転速度に依存しないので，低回転高トルクで使うことができる。ただし，この場合もプロペラが大き過ぎると機体の方が回されてしまうという制約があり，下の写真のような競技用のゴム動力模型飛行機ではプロペラ直径は主翼スパンの 1/3 程度になっている。それでもそのプロペラは，有人軽飛行機に比べると異様に大きい。

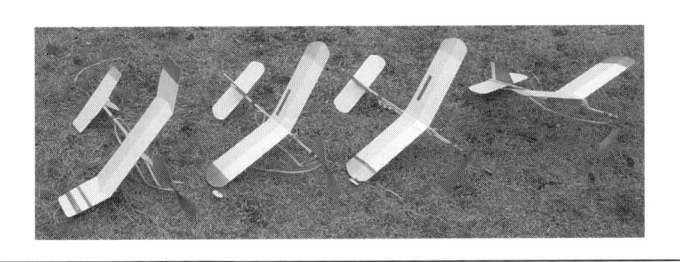

力性能は式 (4.17) では評価できない。この場合には，つぎのように考える。

式 (4.7)，(4.12) から次式が導かれる。

$$T = 2(u-U)\rho u S$$

ホバリングを想定すると $U=0$ であり

$$T = 2u^2 \rho S$$

となり，u について解くと，つぎのようになる。

$$u = \sqrt{\frac{T}{2\rho S}} \tag{4.18}$$

したがって，この場合に気流に対して与えているパワーは，この式に T を乗じて

$$P_a = T\sqrt{\frac{T}{2\rho S}} \tag{4.19}$$

と書くことができる。一方，ロータを回転させるために必要なパワーは

$$P_r = \Omega Q \tag{4.20}$$

であるから，その比をとって，つぎの無次元量を定義する。

$$M = \frac{P_a}{P_r} \tag{4.21}$$

これをフィギュア オブ メリット (figure of merit) と称する。実際のロータでは $M=0.5\sim0.8$ 程度の値である[12]。

4.3　一般運動量理論と翼素理論

4.2 節の運動量理論ではプロペラを，流れを加速する円盤とみなしたので，ブレード形状などを議論できない。本節ではプロペラを回転翼と考えて，そこに当たる気流の向きと速さ，それにより発生する推力とトルクを考える。これらの流れや力はブレードの半径位置によって変化するため，半径方向にブレードを細分化して考える，それが**翼素理論**（blade element theory）であり，ブレードの形状が議論できて，設計につなげることができる。

ブレードに当たる気流の向きと速さを考える場合，機体の前進速度とプロペ

ラの回転速度に加えて誘導速度も影響する。なお，誘導速度は *2* 章で説明した 3 次元翼の場合の誘導速度に相当する。プロペラにおいて，もし誘導速度を省略すれば理論は非常に簡単になるが，それでは進行率が小さい場合に，翼素に対する気流の迎角が過大になり推力を過大に見積もったり，失速領域に入ってしまうためトルクが過大になるなど，かなり誤差が大きくなることは容易に想像できる。軸方向だけでなく，回転方向の誘導速度も計算するための理論が**一般運動量理論**（general momentum theory）である。したがって，最適なプロペラを設計する場合や，与えられた形状のプロペラの性能を推定する場合でも，一般運動量理論と翼素理論を組み合わせることが必要になる。

以下では，Adkins, C. N., Liebeck, R. H. の論文[13]を参考にして理論を説明する。

4.3.1 運動量の方程式

プロペラのはるか上流の速度を U とし（飛行機が速度 U で飛行していることと同義），プロペラ回転面における速度を $(1+a)U$ とする。ここで a は軸方向の干渉係数（interference factor）という。プロペラの半径位置 r における単位半径幅の円環を通る質量流量は $2\pi r\rho(1+a)U$ である。ここでは半径方向の速度成分は小さいものとして無視する。この速度はプロペラのはるか後流で $(1+b)U$ まで増速する。b は単純運動量理論によれば $2a$ に等しく，回転方向の速度を考慮した場合でもほぼ $2a$ に等しくなる（説明省略）。プロペラの十分上流から十分下流へかけての，質量 dm の流体要素の，軸方向の運動量の変化は $2aUFdm$ である。ここで F は半径方向の流れによる損失係数であり，ハブにおいては半径方向の速度は無視できるほど小さいので 1（損失がない），翼端においては巻込み渦があるため 0（運動量の変化なし）となる。F の関数形は後で説明する。

上記の質量流量と運動量変化から，環状の面に作用する半径方向単位長さ当りの推力 T' は，つぎのように計算される。

4. プロペラ

$$T' \equiv \frac{dT}{dr} = 2\pi r\rho U(1+a)(2UaF) \tag{4.22 a}$$

同様に考えて，半径方向の単位長さ当りのトルクはつぎのようになる．

$$\frac{Q'}{r} \equiv \frac{1}{r}\frac{dQ}{dr} = 2\pi r\rho U(1+a)(2\Omega r a' F) \tag{4.22 b}$$

ここで a' は回転方向の干渉係数である．翼素理論におけるパラメータの定義を図 **4.3** に示す．ここでは軸の手前側の翼素が Ωr の速度で上向きに動いているので，プロペラは上流側から見て左回転（反時計回り）している．図 **4.4** は，翼素に固定した座標系における気流を示している．軸方向の速度は主流速度 U に対して $(1+a)$ 倍に加速され，回転方向の速度は回転速度 Ωr に対して $(1-a')$ 倍に減速される．これらの合速度は W で，その回転面に対する角度を ϕ とする．有効迎角は α で，ピッチ角は β である．

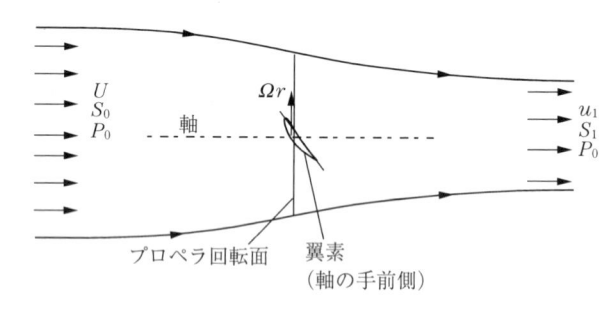

図 **4.3** 翼素理論

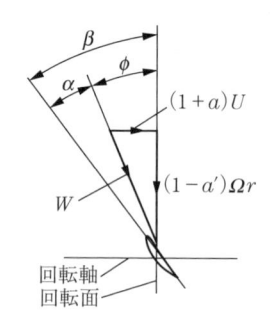

図 **4.4** ブレード断面に固定した座標系での流速

4.3.2 誘導速度と循環の関係

ブレードの半径方向のそれぞれの位置から小さな渦が放出され，それが後流に流れ**らせん渦面**（spiral vortex surface）を形成する。**図 4.5** には 1 枚のブレードが吐き出す渦面を示す。渦面はその場所の流れに乗って移動するから，そのらせん渦面のプロペラ回転面に対する角度は**図 4.4** の ϕ になる。ここで解析を簡単にするために，スリップストリームが後流で縮小しないで同じ直径を保つことを仮定する。実際には流れは，プロペラを通過した後，速度が増加するため，スリップストリームの直径は減少する。スリップストリームを解析するのは，そこでの速度場がブレード近傍に誘導する速度を計算するためであるが，その誘導速度に影響するのはブレードの前後のわずかな領域であるため，細身のプロペラではこの仮定による誤差は小さい。この仮定のもとに，エネルギー損失が最小になるための条件は，ねじ状の渦面が変形しないで流れることである。これをベッツの条件（Betz's condition）という[14]。このことは，$r\tan\phi$ が半径によらず一定であることを意味する。これは固定翼における楕円翼に相当する。Theodorsen[15] は，スリップストリームの半径が縮むことを考慮した場合について検討し，この場合もベッツの条件と同様に渦面が変形しないで流れることがエネルギー損失最小になることを示した。前述したエネルギー損失が最小のプロペラとは，軸動力を決めた場合に推力が最大になる，あるいは推力を決めた場合に軸動力が最小になるような形状のプロペラのことであり，これを**最適プロペラ**（optimum propeller）という。

ブレードの半径位置 r において，単位半径長さ当りの揚力はクッタ・ジュ

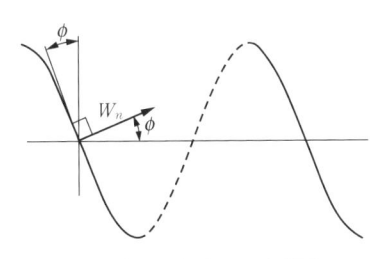

図 **4.5** 空間に固定した座標系でのらせん渦面の移流速度

―コフスキーの定理により次式で与えられる。

$$L' \equiv \frac{dL}{dr} = B\rho W\Gamma \tag{4.23}$$

ここで B はブレードの数，Γ は1枚のブレードのまわりの循環である。循環は，その定義から，ブレードまわりの速度の回転方向成分を一周線積分したものであるから

$$B\Gamma = 2\pi r F w_t \tag{4.24}$$

となる。ここで，w_t は後流での誘導速度の回転方向成分である。式（4.23）の循環 $B\Gamma$ に式（4.24）を代入することによって，プロペラの誘導パワーが最小であるような循環分布 $\Gamma(r)$ を，最終的には決めることになる。

$\Gamma(r)$ を知るためには w_t を求める必要がある。図 **4.5** はプロペラ後流の半径 r の円筒面における渦糸（らせん状の渦面の1断面）の移流速度（convection velocity）を示している。渦糸は近傍の渦糸群（渦面）による誘導速度によって移流する。図の渦糸の隣の渦は紙面の奥と手前に存在する。例えば手前側の渦による，紙面の渦糸における誘導速度の半径方向成分（紙面に垂直な成分）は，紙面に対して表側向きと裏側向きが存在し，両者の強さは同じなので相殺されて0となる。紙面の奥側の渦による誘導速度も同じである。一方，誘導速度の紙面に平行な成分は，近傍の渦の強さの空間的な変化によって生じるので0ではない。紙面の奥と手前の渦は紙面の渦とほぼ平行であるので，紙面の渦糸における誘導速度の紙面に平行な成分は，渦糸に直角となり，図の w_n となる。つまり渦面およびその間の流体の動きは，その場所の渦面に垂直である。したがって，誘導速度の回転方向成分は次式で与えられる。

$$w_t = w_n \sin \phi \tag{4.25}$$

渦面の軸方向の見かけの速度は次式で与えられる。

$$v' = w_n / \cos \phi \tag{4.26}$$

ここで実際の移流速度 w_n に対して v' の方が大きいのは，渦面の移流速度が回転方向成分を持っているためである。この見かけの移流速度 v' を

4.3　一般運動量理論と翼素理論

$$\zeta = \frac{v'}{U} \tag{4.27}$$

により無次元化する。これを使うと誘導速度の回転方向成分は

$$w_t = U\zeta \sin\phi \cos\phi \tag{4.28}$$

となり，式 (4.24) の循環はつぎのように書き換えられる。

$$\varGamma = \frac{2\pi U^2 \zeta G}{B\varOmega} \tag{4.29}$$

ここで新たなパラメータはつぎのような定義である。

$$G = Fx \cos\phi \sin\phi \tag{4.30}$$

$$x = \frac{\varOmega r}{U} \tag{4.31}$$

F は翼端部での半径方向の流れによる影響を補正する関数で，内容は後述する。式 (4.29) を式 (4.23) に代入すると

$$L' \equiv \frac{dL}{dr} = 2\pi \zeta G \rho U^2 W \frac{1}{\varOmega} \tag{4.32}$$

となる。

4.3.3　翼素理論と運動量理論の組合せ

単位半径長さ当りの翼素の推力 T'，トルク Q' は，図 **4.6** を参照すればつぎのように書けることがわかる。

$$T' = L' \cos\phi - D' \sin\phi = L' \cos\phi (1 - \varepsilon \tan\phi) \tag{4.33a}$$

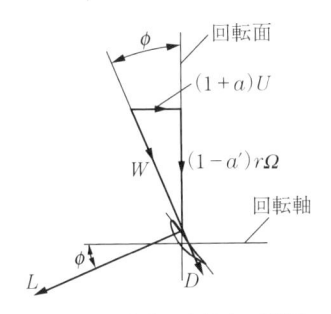

図 **4.6**　流速と空気力の関係

4. プロペラ

$$\frac{Q'}{r} = L' \sin \phi + D' \cos \phi = L' \sin \phi \left(1 + \frac{\varepsilon}{\tan \phi}\right) \qquad (4.33\ b)$$

ここで ε は翼素の抗揚比（抵抗/揚力）である。式 (4.33 a), (4.33 b) に式 (4.32) を代入するとつぎのようになる。

$$T' = 2\pi \zeta G \rho U^2 W \frac{1}{\Omega} \cos \phi (1 - \varepsilon \tan \phi) \qquad (4.34\ a)$$

$$\frac{Q'}{r} = 2\pi \zeta G \rho U^2 W \frac{1}{\Omega} \sin \phi \left(1 + \frac{\varepsilon}{\tan \phi}\right) \qquad (4.34\ b)$$

運動量の方程式から導かれた推力とトルクの式 (4.22) と，循環の方程式から導かれた推力とトルクの式 (4.34) を等置して変形すると，つぎのように干渉係数が得られる。

$$a = \frac{\zeta}{2} \cos^2 \phi (1 - \varepsilon \tan \phi) \qquad (4.35\ a)$$

$$a' = \frac{\zeta}{2x} \cos \phi \sin \phi \left(1 + \frac{\varepsilon}{\tan \phi}\right) \qquad (4.35\ b)$$

また，図 **4.4** から

$$\tan \phi = \frac{U}{\Omega r} \frac{1 + a}{1 - a'} \qquad (4.36)$$

となる。式 (4.36) に，式 (4.35 a), (4.35 b) を代入して ϕ について解くと，次式が得られる。

$$\tan \phi = \left(1 + \frac{\zeta}{2}\right) \frac{1}{x} = \left(1 + \frac{\zeta}{2}\right) \frac{\lambda}{\xi} \qquad (4.37)$$

ここで λ は式 (4.1) に示す進行率であり，ξ は

$$\xi = \frac{r}{R} \qquad (4.38)$$

で定義される無次元半径である。ξ はハブにおいて ξ_0，翼端において 1 となる。これらの変数の間では，つぎの関係式が成立する。

$$x = \frac{\Omega r}{U} = \frac{r}{R} \frac{1}{\lambda} = \frac{\xi}{\lambda} \qquad (4.39)$$

ベッツの条件の，渦の移流速度が半径位置によらず一定であることは，式で表せば，$r_0 < r < R$ において $v' = \text{const}$，つまり $\zeta = \text{const}$ となる。このことと式

(4.37) から

$$r \tan \phi = \text{const} \quad \text{for } r_0 < r < R \quad (4.40)$$

となる。式 (4.40) と式 (4.36) から，つぎの式が成立する。

$$\frac{1+a}{1-a'} = \text{const} \quad \text{for } r_0 < r < R \quad (4.41)$$

4.3.4 推力係数，パワー係数の計算

便宜のため，**4.1**節で定義した推力係数とパワー係数をもう一度書く。

$$T_c = \frac{T}{\frac{1}{2}\rho U^2 \pi R^2} \quad (4.42)$$

$$P_c = \frac{P}{\frac{1}{2}\rho U^3 \pi R^2} = \frac{\Omega Q}{\frac{1}{2}\rho U^3 \pi R^2} \quad (4.43)$$

この式を用いると，式 (4.34) はつぎのように書き換えられる。

$$T_c' = I_1' \zeta - I_2' \zeta^2 \quad (4.44\,a)$$
$$P_c' = J_1' \zeta + J_2' \zeta^2 \quad (4.44\,b)$$

ここでプライム (′) は ξ での微分を意味し，また各記号の定義はつぎのとおりである。

$$I_1' = 4\xi G (1 - \varepsilon \tan \phi) \quad (4.45\,a)$$

$$I_2' = \lambda \frac{I_1'}{2\xi}\left(1 + \frac{\varepsilon}{\tan \phi}\right) \sin \phi \cos \phi \quad (4.45\,b)$$

$$J_1' = 4\xi G \left(1 + \frac{\varepsilon}{\tan \phi}\right) \quad (4.45\,c)$$

$$J_2' = \frac{J_1'}{2}(1 - \varepsilon \tan \phi) \cos^2 \phi \quad (4.45\,d)$$

プロペラの設計において，まず必要な推力を決めて，その推力を発生させるために必要なパワーを決める場合には，式 ($4.44\,a$) を ζ について解いた式

$$\zeta = \frac{I_1}{2I_2} - \left\{\left(\frac{I_1}{2I_2}\right)^2 - \frac{T_c}{I_2}\right\}^{\frac{1}{2}} \quad (4.46)$$

により，ζ を計算する。ここでプライムがないのは，まず式 ($4.45\,a$)，

70   4. プロペラ

$(4.45\,b)$ を $\xi=\xi_0$ から1まで積分し,それを式 $(4.44\,a)$ に代入,変形して式 (4.46) を得るからである。ベッツの条件を満たすプロペラを設計する場合には,ζ は半径によらず一定である。この ζ を

$$P_c = J_1\zeta + J_2\zeta^2 \qquad (4.47)$$

に代入してパワーを求める。

逆に,最初に供給されるパワーを決めてから,発生する推力を求める場合には,$(4.44\,b)$ を ζ について解いた式

$$\zeta = -\frac{J_1}{2J_2} + \left\{\left(\frac{J_1}{2J_2}\right)^2 + \frac{P_c}{J_2}\right\}^{\frac{1}{2}} \qquad (4.48)$$

により ζ を計算する。この ζ を

$$T_c = I_1\zeta - I_2\zeta^2 \qquad (4.49)$$

に代入して推力を求める。

4.4 最適ブレード形状の計算方法

半径位置 r におけるブレードの翼弦長を C とする。半径 r における翼素の揚力係数を局所揚力係数(local lift coefficient)といい,それを C_l とすると,そこでの単位半径長さ当りの揚力は,次式の左辺のようになる。

$$\frac{1}{2}\rho W^2 C C_l = \rho W \varGamma \qquad (4.50)$$

ここで右辺はクッタ・ジューコフスキーの定理による揚力の式である。この右辺に式 (4.29) を代入すると,つぎのようになる。

$$WC = \frac{4\pi\lambda GUR\zeta}{C_l B}$$

G の定義式 (4.30) を代入して整理すると

$$WC = \frac{4\pi r F \cos\phi \sin\phi U\zeta}{C_l B} \qquad (4.51)$$

となる。局所レイノルズ数を

4.4 最適ブレード形状の計算方法

$$Re = \frac{WC}{\nu} \tag{4.52}$$

と定義する。ここで ν は流体の動粘性係数である。式（4.52）に式（4.51）を代入すると，次式のようになる。

$$Re = \frac{4\pi rF \cos\phi \sin\phi U\zeta}{\nu C_l B} \tag{4.53}$$

半径方向の流れ成分による**損失係数**（loss factor）F の内容については，プラントルにより提案された式[14]があり，その後さらに厳密で複雑な式が Goldstein などにより提案された[16]が，プラントルの式が十分な精度を持つことが確認されている[13]。以下にプラントルの式を示す。

$$F = \frac{2}{\pi} \arccos(e^{-f}) \tag{4.54}$$

ここで，f は次式で表される。

$$f = \frac{B}{2} \frac{1-\xi}{\sin\phi_t} \tag{4.55}$$

ここで ϕ_t は翼端での流れの角度であり，式（4.37）で $\xi=1$ とおいて

$$\tan\phi_t = \left(1 + \frac{\zeta}{2}\right)\lambda \tag{4.56}$$

となる。これを用いて任意の半径位置での ϕ は次式で計算できる。

$$\tan\phi = \frac{\tan\phi_t}{\xi} \tag{4.57}$$

ブレードに当たる流速は図 **4.4** からわかるように，次式で計算できる。

$$W = \frac{U(1+a)}{\sin\phi} \tag{4.58}$$

式（4.54），（4.55）からわかるように翼端では $F=0$ であるから，式（4.51）から $WC=0$ であり，したがって翼弦長は 0，つまりベッツの条件を満たすブレードは翼端の平面形が丸くなっている必要がある。

以上で，ベッツの条件を満たす理想的なブレードの設計をするための式が出そろった。これらを用いた設計手順は，つぎのようになる。

① 以下の諸量を決める。

4. プロペラ

プロペラに入力されるパワー ΩQ（または推力），

翼端の半径 R，ハブの無次元半径 ξ_0，回転角速度 Ω，一様流の速度（＝飛行速度）U，ブレード数 B，揚力係数 C_l

揚力係数は2次元翼型特性の中から任意に選べるが，最も揚抗比が高いときの揚力係数を選ぶことにより，プロペラ効率を最大にすることができる。

各半径位置で流れの角度などを計算するので，半径位置の刻みを決める。例えば，$\xi_0 =$ 0.1, 0.2, 0.3, 0.4, 0.5, 0.6, 0.7, 0.8, 0.9, 0.975 とする。

② もし最初にパワーを決めた場合には，P_c を式（4.4）から計算する。

　　もし最初に推力を決めた場合には，T_c を式（4.3）から計算する。

③ ζ を仮定する。通常 0.1～0.5 程度の値である。

④ λ を式（4.1）から，ϕ を式（4.37）から，F を式（4.54），（4.55）から，局所レイノルズ数を式（4.53）から計算する。これらは各半径位置についてそれぞれ計算する。

⑤ 2次元翼の特性に，①で決めた揚力係数を当てはめ，迎角 α と抵抗係数 C_d を求める。

⑥ 干渉係数 a，a' を式（4.35）から，ブレードが受ける流速 W を式（4.58）から計算する。

⑦ もし最初にパワーを決めた場合は，J_1'，J_2' を式（4.45）から計算し，ξ_0 から1まで積分し J_1，J_2 を求め，P_c を式（4.47）により計算する。

　　もし最初に推力を決めた場合は，I_1'，I_2' を式（4.45）から計算し，ξ_0 から1まで積分し I_1，I_2 を求め，T_c を式（4.49）により計算する。

⑧ もし⑦で計算した P_c または T_c が，②で計算した値と異なる場合は，ζ の値を修正し，④に戻って各ステップをやり直す。これを一致するまで繰り返す。なお，ζ を増やすと⑦で算出される P_c または T_c は増加する。

⑨ 翼弦長 C を式（4.51）から，翼の角度 $\beta = \alpha + \phi$ を計算する。

以上でベッツの条件を満たす最適なブレード形状が決まった。

4.5 ブレード形状が与えられた場合の空力特性の計算方法

4.4 節ではベッツの条件を満たす最適なブレード形状を計算したが，それが最適なのは進行率がある一つの値の場合だけである．それを設計点（design point）という．進行率が設計点から外れた場合には最適ではなくなる．例えば巡航状態を設計点に設定して，その状態での飛行速度やプロペラの回転速度などを決めて，効率が最大になるようにプロペラを設計したとしても，離着陸のときなどは設計点から外れた進行率で動作する．したがって，設計点から外れた場合の空力特性の計算も必ず必要になる．

4.4 節では最適な循環分布を決めて，それを実現するブレードの形状を求めた．本節では逆に，最初にブレード形状を決めて，それがどのような空力特性を持つかを計算する．つまり，任意に設計された（最適でない）プロペラを解析する方法を説明する．

プロペラの空気力の推力方向および回転方向の係数 C_y, C_x は，翼型の係数 C_l, C_d を用いてつぎのような関係になることが，図 4.6 を参照することによりわかる．

$$C_y = C_l \cos\phi - C_d \sin\phi = C_l(\cos\phi - \varepsilon \sin\phi) \quad (4.59\,a)$$

$$C_x = C_l \sin\phi + C_d \cos\phi = C_l(\sin\phi + \varepsilon \cos\phi) \quad (4.59\,b)$$

単位半径長さ当りの推力とトルクは，つぎのようになる．

$$T' = \frac{1}{2}\rho W^2 B C C_y \quad (4.60\,a)$$

$$\frac{Q'}{r} = \frac{1}{2}\rho W^2 B C C_x \quad (4.60\,b)$$

この推力とトルクは 2 次元翼の特性を用いたプロペラの空気力の式であり，これはまた運動量の方程式によるプロペラの空気力，すなわち式（4.22）に等しいことが要求される．したがって式（4.22）と式（4.60）を等値して，干渉係数について解くとつぎのようになる．

74　　4. プロペラ

$$a = \frac{\sigma K}{F - \sigma K} \qquad (4.61\,a)$$

$$a' = \frac{\sigma K'}{F + \sigma K'} \qquad (4.61\,b)$$

ただし

$$K = \frac{C_y}{4\sin^2\phi} \qquad (4.62\,a)$$

$$K' = \frac{C_x}{4\cos\phi\sin\phi} \qquad (4.62\,b)$$

$$\sigma = \frac{BC}{2\pi r} \qquad (4.63)$$

である.ここで損失係数 F については,最適形状の場合に適用した式(4.54)を流用する.したがって,最適形状から大きく外れる場合は誤差が大きくなる.式(4.54)では翼端においては $F=0$ となるので,式(4.61)から,$a=-1$,$a'=1$ となり,現実にはあり得ない.これを回避するため,実験値を適用する提案もある[13]が,数値計算において $\xi=1$ まで計算せずに $\xi=0.95$ 程度までの計算で止めておくという方法もある.

後述する数値計算のために必要な式を以下に示す(図 4.4 参照).

$$\tan\phi = \frac{U(1+a)}{\Omega r(1-a')} \qquad (4.64)$$

$$W = \sqrt{U^2(1+a)^2 + \Omega^2 r^2 (1-a')^2} \qquad (4.65)$$

以上で任意形状のプロペラの性能計算を行うための式は出そろったので,以下に計算手順を示す.

① ブレード形状:半径 R,ブレード数 B,翼弦長 $C(r)$,翼角 $\beta(r)$
作動条件:速度 U,回転角速度 Ω を決める.
半径位置の刻みを決める.例えば,$\xi=0.2$,0.3,0.4,0.5,0.6,0.7,0.8,0.9,0.975 とする.

② ζ の初期値を仮定する.通常 0〜0.5 の値とする.ζ は最適プロペラの場合には,流れ場全体で一定の値であったが,ここでは半径位置によって変化する.本計算では,ζ の初期値は一定値とし,繰り返し計算していく

中で半径によって異なる値に収束する。

③ λ を式（4.1）から計算する。ϕ の初期値 ϕ_0 を式（4.37）から，F を式（4.54）から，W の初期値を $W_0=\sqrt{U_0^2+(\Omega r)^2}$ から計算する。これらは各半径位置についてそれぞれ計算する，以後も同じである。

④ 局所レイノルズ数を式（4.52）から計算する。

⑤ 有効迎角 $a=\beta-\phi$ を計算する。

⑥ 2次元翼型特性に④，⑤のデータを当てはめ，C_l，C_d を求める。

⑦ C_y，C_x を式（4.59）により計算する。

⑧ f を式（4.55）により計算する。

⑨ F を式（4.54）により計算する。

⑩ K，K'，σ を式（4.62），（4.63）により計算する。

⑪ a，a' を式（4.61）により計算する。

⑫ ϕ を式（4.64）により計算する。

⑬ W を式（4.65）により計算する。

⑭ 新たな ζ を式（4.37）により計算する。

⑮ ④に戻って計算し直し，a，a' の値が収束するまで繰り返す。

この繰返し計算は通常5回程度で収束する。収束し難い場合は②の ζ の初期値を変更すると改善することがある。

4.6 具体的な計算例

4.6.1 最　適　形　状

ここでは例として，電動ラジコン飛行機用のモータの回転速度とトルクを想定し，最適なプロペラを計算する。条件を以下に設定する。

　　回転速度 100 rps＝628 rad/s，トルク $Q=0.15$ N・m，プロペラの半径 $R=0.125$ m，ハブの半径 $r_0=0.015$ m，ブレード数 $B=2$，飛行速度 $U=20$ m/s，翼素の揚力係数 0.7

この条件のもとで計算した結果が**表 *4.1*** である。

エクセルでこのような表を作成することにより，容易に計算できる。**表 *4.1***

表 4.1 最適プロペラの計算結果の例

ξ	U [m/s]	R [m]	Ω	Q	P_c	C_l	ζ	λ	$\tan\phi$	f	F	Re	α [°]
0.2	20	0.125	628	0.15	0.384	0.7	0.268	0.255	1.445	2.882	0.964	36 167	5
0.3	20	0.125	628	0.15	0.384	0.7	0.268	0.255	0.963	2.522	0.949	56 990	5
0.4	20	0.125	628	0.15	0.384	0.7	0.268	0.255	0.722	2.162	0.927	70 492	5
0.5	20	0.125	628	0.15	0.384	0.7	0.268	0.255	0.578	1.801	0.894	77 630	5
0.6	20	0.125	628	0.15	0.384	0.7	0.268	0.255	0.482	1.441	0.848	79 686	5
0.7	20	0.125	628	0.15	0.384	0.7	0.268	0.255	0.413	1.081	0.780	77 120	5
0.8	20	0.125	628	0.15	0.384	0.7	0.268	0.255	0.361	0.721	0.677	69 290	5
0.9	20	0.125	628	0.15	0.384	0.7	0.268	0.255	0.321	0.360	0.509	53 381	5
0.975	20	0.125	628	0.15	0.384	0.7	0.268	0.255	0.296	0.090	0.266	28 327	5

C_d	a	a'	W	J_1'	J_2'	P_c'	ζ	I_1'	I_2'	T_c'	ζ	r [mm]	C [mm]	β [°]
0.028	0.041	0.082	25.3	0.291	0.044	0.081		0.267	0.082	0.066		25.0	21.4	60.3
0.024	0.067	0.059	30.8	0.694	0.174	0.198		0.648	0.142	0.163		37.5	27.8	48.9
0.021	0.086	0.042	37.1	1.151	0.370	0.335		1.081	0.170	0.277		50.0	28.5	40.9
0.020	0.099	0.031	43.9	1.596	0.588	0.470		1.496	0.173	0.388		62.5	26.5	35.0
0.019	0.107	0.023	51.0	1.979	0.793	0.587		1.849	0.162	0.484		75.0	23.4	30.7
0.018	0.113	0.018	58.4	2.247	0.950	0.670		2.093	0.143	0.551		87.5	19.8	27.4
0.018	0.117	0.015	65.8	2.326	1.019	0.697		2.152	0.117	0.568		100.0	15.8	24.9
0.019	0.120	0.012	73.3	2.041	0.917	0.613		1.866	0.083	0.494		112.5	10.9	22.8
0.024	0.122	0.011	79.0	1.207	0.549	0.363		1.071	0.043	0.284		121.9	5.4	21.5
				積分→	1.293	0.513	0.383	0.268	1.199	0.109	0.313	0.268		
								積分→		$T=3.843$ N				

の上側の左から 6 列目が最初の設定から計算した P_c で 0.384 である。その二つ右の列が最初に仮定した ζ である。そこから順次右に，**4.5** 節の手順に従って計算を進める。最初に翼素の揚力係数を決めているので，それに応じて，レイノルズ数も考慮して a と C_d を，**図 4.7** のグラフから読み取る。そして下の表に移り，P_c' の列でそれを ξ について積分する。その結果がその列の最下行に書いてあり 0.383 である。その値は最初に仮定する ζ の値によって変化するので，この積分で得られた P_c が，最初に計算した P_c に等しくなるように ζ の値を調整する。この再計算はエクセルを使えば瞬時に行える。

4.6 具体的な計算例

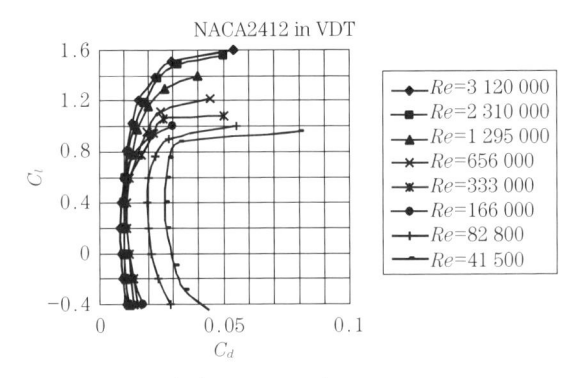

NACA2412 in VDT ポーラダイアグラム

(a) ポーラダイアグラム

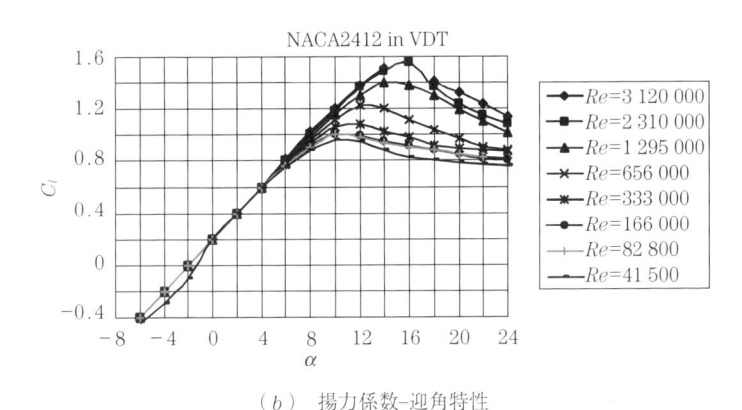

NACA2412 in VDT 揚力係数-迎角特性

(b) 揚力係数-迎角特性

図 **4.7** プロペラの性能計算に用いた翼型の特性[8]

以上の計算によって得られたプロペラの形状を図 **4.8** に示す．また，このプロペラの性能を表 **4.2** に示す．Q，U，Ω は最初に決めた値である．推力 T は計算した結果であり，最適とは与えた条件の中で推力と効率が最大にな

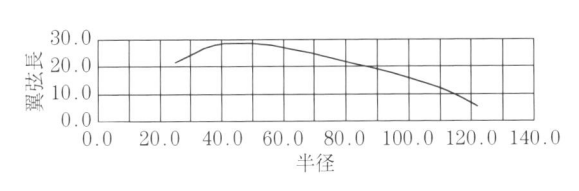

図 **4.8** 最適プロペラの例

表 **4.2** 最適プロペラの性能

$T = 3.843$ N
$Q = 0.15$ N·m
$U = 20$ m/s
$\Omega = 628$ rad/s
$\eta = 0.816$

るという意味であり，表のように効率 η は 0.816 に達している。

4.6.2 形状が与えられた場合

4.6.1項で計算した形状のプロペラを，作動条件を変えて計算してみる。もちろん別の形状のプロペラでも手順はまったく同じである。まず条件を以下に示す。

トルク $Q=0.15$ N·m，半径 $R=0.125$ m，ハブの半径 $r_0=0.015$ m，ブレード数 $B=2$，飛行速度 $U=14$ m/s（**4.6.1** 項での条件からこれを変更した），回転角速度 628 rad/s，ブレード形状は **4.6.1** 項の形とする。

この条件で計算した経過を表 **4.3** に示す。表は 5 回の繰返し計算の経過である。ζ，$\tan\phi$，w には前回の結果を代入している。また C_l，C_d は，その前列の α，Re を用いて図 **4.7** の翼型データから読み取っている。計算結果の収束状況を見るため，計算回数による干渉係数 a の値の推移を図 **4.9** に示す。この図から，ブレードの外側ほど収束が遅いこと，また繰返し計算は 4～5 回やれば収束することがわかる。

以上の計算結果から推力と効率を計算し，トルク，回転速度などとともに表 **4.4** に示す。

表 **4.2** の最適プロペラの結果と比較すると，効率が約 0.82 から 0.69 に低下していることがわかる。この原因は飛行速度を 20 m/s から 14 m/s に低下させたため，表 **4.3** からわかるように翼素の迎角が 8～13°と大きくなり，抵抗係数が増えたためである。このようにある条件で最適なプロペラでも，作動条件が異なると性能が低下することがわかる。

4.6 具体的な計算例

表 4.3 任意形状のプロペラの性能計算の例

(a) 1回目

ξ	R [m]	C [mm]	β [°]	U [m/s]	Ω [rad/s]	ζ	λ	tan φ	f	F	W [m/s]	α	Re	C_l	C_d	C_y	C_x	K	K'	σ	a	a'	tan φ	W	ζ
0.2	0.125	21.4	60.3	14	628	0.3	0.178	1.025	3.982	0.988	21.0	14.6	30 048	0.86	0.03	0.579	0.637	0.282	0.318	0.273	0.085	0.081	1.052	20.9	0.360
0.3	0.125	27.8	48.9	14	628	0.3	0.178	0.684	3.484	0.980	27.4	14.6	50 743	0.87	0.03	0.701	0.516	0.550	0.277	0.236	0.153	0.062	0.731	27.3	0.459
0.4	0.125	28.5	40.9	14	628	0.3	0.178	0.513	2.986	0.968	34.4	13.7	65 323	0.95	0.04	0.827	0.469	0.993	0.289	0.182	0.229	0.051	0.578	34.4	0.591
0.5	0.125	26.5	35.0	14	628	0.3	0.178	0.410	2.489	0.947	41.7	12.7	73 650	0.98	0.05	0.888	0.418	1.541	0.298	0.135	0.282	0.041	0.477	41.7	0.672
0.6	0.125	23.4	30.7	14	628	0.3	0.178	0.342	1.991	0.913	49.1	11.8	76 702	0.99	0.05	0.921	0.368	2.200	0.300	0.099	0.315	0.032	0.404	49.2	0.716
0.7	0.125	19.8	27.4	14	628	0.3	0.178	0.293	1.493	0.856	56.7	11.1	74 933	1	0.055	0.944	0.334	2.986	0.309	0.072	0.336	0.025	0.349	56.7	0.743
0.8	0.125	15.8	24.9	14	628	0.3	0.178	0.256	0.995	0.759	64.3	10.5	67 759	1	0.055	0.955	0.302	3.871	0.313	0.050	0.345	0.020	0.306	64.3	0.746
0.9	0.125	10.9	22.8	14	628	0.3	0.178	0.228	0.498	0.584	72.0	10.0	52 443	0.99	0.05	0.954	0.269	4.832	0.310	0.031	0.344	0.016	0.271	72.0	0.732
0.975	0.125	5.4	21.5	14	628	0.3	0.178	0.210	0.124	0.311	77.8	9.6	27 907	0.85	0.05	0.822	0.224	4.847	0.278	0.014	0.281	0.012	0.237	77.7	0.593

(b) 2回目

ξ	R [m]	C [mm]	β [°]	U [m/s]	Ω [rad/s]	ζ	λ	tan φ	f	F	W [m/s]	α	Re	C_l	C_d	C_y	C_x	K	K'	σ	a	a'	tan φ	W	ζ
0.2	0.125	21.4	60.3	14	628	0.36	0.178	1.052	3.885	0.987	20.9	13.9	29 923	0.86	0.03	0.571	0.644	0.272	0.322	0.273	0.081	0.082	1.050	20.9	0.355
0.3	0.125	27.8	48.9	14	628	0.459	0.178	0.731	3.268	0.976	27.3	12.8	50 652	0.92	0.03	0.725	0.567	0.521	0.298	0.236	0.144	0.067	0.729	27.2	0.453
0.4	0.125	28.5	40.9	14	628	0.591	0.178	0.578	2.665	0.956	34.4	10.8	65 359	0.98	0.04	0.829	0.525	0.828	0.303	0.182	0.187	0.054	0.560	34.0	0.510
0.5	0.125	26.5	35.0	14	628	0.672	0.178	0.477	2.157	0.926	41.7	9.5	73 713	0.98	0.05	0.863	0.467	1.166	0.300	0.135	0.205	0.042	0.449	41.2	0.515
0.6	0.125	23.4	30.7	14	628	0.716	0.178	0.404	1.699	0.883	49.2	8.7	76 777	0.96	0.05	0.871	0.406	1.555	0.292	0.099	0.212	0.032	0.372	48.7	0.504
0.7	0.125	19.8	27.4	14	628	0.743	0.178	0.349	1.263	0.817	56.7	8.2	74 962	0.93	0.04	0.865	0.344	1.987	0.277	0.072	0.213	0.024	0.317	56.3	0.485
0.8	0.125	15.8	24.9	14	628	0.746	0.178	0.306	0.841	0.716	64.3	7.8	67 757	0.9	0.04	0.852	0.292	2.486	0.261	0.050	0.212	0.018	0.275	64.0	0.468
0.9	0.125	10.9	22.8	14	628	0.732	0.178	0.271	0.423	0.545	72.0	7.7	52 433	0.86	0.03	0.822	0.254	3.012	0.251	0.031	0.206	0.014	0.242	71.7	0.447
0.975	0.125	5.4	21.5	14	628	0.593	0.178	0.237	0.111	0.294	77.7	8.2	27 863	0.83	0.05	0.796	0.240	3.737	0.267	0.014	0.217	0.013	0.225	77.5	0.466

* ζ, tan φ, W [m/s] の数値は前回の計算結果を代入する。

80　4. プロペラ

表 4.3 （続き）

(c) 5 回目

ξ	R [m]	C [mm]	β [°]	U [m/s]	Ω [rad/s]	ζ	λ	$\tan\phi$	f	F	W [m/s]	a	Re	C_l	C_d	C_y	C_x	K	K'	σ	a	a'	$\tan\phi$	W	ζ
0.2	0.125	21.4	60.3	14	628	0.356	0.178	1.050	3.892	0.987	20.9	13.9	29 862	0.86	0.03	0.571	0.644	0.272	0.322	0.273	0.081	0.082	1.050	20.9	0.356
0.3	0.125	27.8	48.9	14	628	0.454	0.178	0.729	3.275	0.976	27.2	12.8	50 365	0.92	0.03	0.726	0.566	0.522	0.297	0.236	0.145	0.067	0.729	27.2	0.454
0.4	0.125	28.5	40.9	14	628	0.527	0.178	0.563	2.730	0.958	34.1	11.5	64 772	0.98	0.04	0.834	0.516	0.866	0.302	0.182	0.196	0.054	0.564	34.1	0.529
0.5	0.125	26.5	35.0	14	628	0.55	0.178	0.455	2.255	0.933	41.3	10.6	73 033	0.98	0.05	0.871	0.451	1.271	0.299	0.135	0.226	0.042	0.456	41.3	0.557
0.6	0.125	23.4	30.7	14	628	0.565	0.178	0.381	1.794	0.894	48.8	9.8	76 162	0.98	0.05	0.898	0.396	1.769	0.297	0.099	0.245	0.032	0.382	48.8	0.572
0.7	0.125	19.8	27.4	14	628	0.532	0.178	0.323	1.362	0.835	56.4	9.6	74 502	0.93	0.04	0.873	0.324	2.316	0.277	0.072	0.250	0.023	0.326	56.4	0.560
0.8	0.125	15.8	24.9	14	628	0.54	0.178	0.283	0.905	0.735	64.1	9.1	67 484	0.93	0.03	0.887	0.282	2.987	0.269	0.050	0.257	0.018	0.285	64.1	0.560
0.9	0.125	10.9	22.8	14	628	0.532	0.178	0.251	0.454	0.562	71.8	8.7	52 260	0.92	0.03	0.885	0.253	3.736	0.268	0.031	0.259	0.015	0.253	71.8	0.555
0.975	0.125	5.4	21.5	14	628	0.493	0.178	0.228	0.115	0.300	77.5	8.7	27 805	0.83	0.05	0.798	0.233	4.037	0.269	0.014	0.234	0.012	0.228	77.5	0.498

＊ ζ, $\tan\phi$, W (m/s) の数値は前回の計算結果を代入する．

表 4.4 任意形状の
プロペラの性能

$T = 4.890$ N
$Q = 0.157$ N·m
$U = 14$ m/s
$\Omega = 628$ rad/s
$\eta = 0.694$

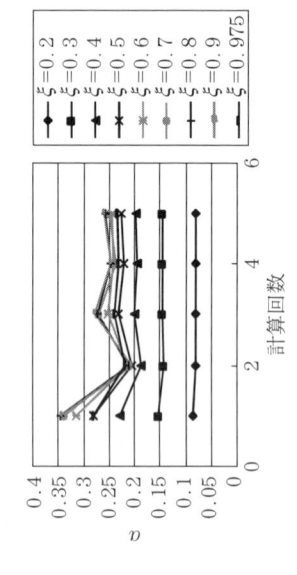

図 4.9 計算結果の収束状況

演 習 問 題

【1】 式 (4.35) を導出せよ。

【2】 式 (4.37) を導出せよ。

【3】 式 (4.44) を導出せよ。

【4】 進行率 $\lambda = U/(\varOmega R)$ が大きくなると，最適プロペラの形状はどう変化するか。定性的に予想し，数値計算で確認せよ。

【5】 航空機が定常水平飛行からエアブレーキを作動させて速度を落とした。プロペラの回転速度は変化しないと仮定すると，推力とトルクはどのように変化するか。

5

風　　車

　風車（wind turbine, wind mill）はプロペラとは逆に流れのエネルギーを機械的エネルギーに変換して，発電や揚水などに使う流体機械である．風車にはさまざまな形式があるが，ここではオーソドックスで最も効率の高い**水平軸型風車**（プロペラ型ともいう）（horizontal-axis wind turbine）の理論を解説する．ここでも3次元翼やプロペラと同様に，誘導速度の計算が中心的な課題になる．最適な形状設計や設計点以外での特性を推定するためには誘導速度の計算が必要だが，その前にプロペラの場合と同様に，まずは単純運動量理論によって基本的な知見を得ることとする．これにより基本的な寸法の検討が可能になる．

5.1　パラメータの定義

Ω：風車の回転の**角速度**（rotational speed of wind turbine）〔rad/s〕

U：主流速度（main flow velocity）〔m/s〕

Q：トルク（torque）〔N·m〕

T：抵抗（drag）〔N〕

$P=\Omega Q$：風車が発生するパワー（power）〔W〕

R：風車の半径（radius）〔m〕

$\dfrac{1}{\lambda}=\dfrac{\Omega R}{U}$：**周速比**（speed ratio） (*5.1*)

$T_c=\dfrac{T}{\frac{1}{2}\rho U^2 \pi R^2}$：**抵抗係数**（drag coefficient） (*5.2*)

$$P_c = \frac{P}{\frac{1}{2}\rho U^3 \pi R^2} : \textbf{パワー係数} \quad \text{(power coefficient)} \quad (5.3)$$

式 (5.1) の周速比とは，風車先端の回転方向の速度と風速との比であり，プロペラ型風車では 6～14 程度である[17]。

式 (5.2) の抵抗係数は，風車に作用する空気力を計算するために用い，これにより必要な強度を検討する。

式 (5.3) の分母は風車の占有する面積 πR^2 を通過する風のパワー（単位時間当りのエネルギー）を表し，分子は風車が発生するパワーを表すので，これは風車の効率を意味する。**5.2** 節の運動量理論からこの値は 0.593 を超えることはできない。

5.2　単純運動量理論

風車の上流側の風速は，風車を通ることによって下流側で減速される。自然風が一様（空間的に均一な風速）と仮定すると，図 **5.1** のようにスリップストリームの直径は上流から下流に向かって拡大する。風車を通過する質量流量は $\rho u S$ である。流速は一様流速 U から u_1 に減速するから運動量の変化は $(U - u_1)\rho u S$ であり，これが風車に作用する空気抵抗 T になるので

$$T = (U - u_1)\rho u S \quad (5.4)$$

となる。ベルヌーイの定理を風車の上流と下流に適用すると

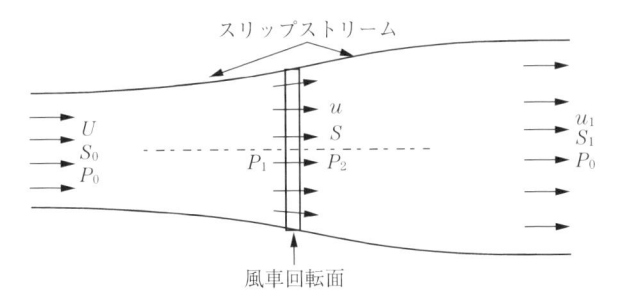

図 **5.1**　風車の単純運動量理論

5. 風車

$$P_0 + \frac{1}{2}\rho U^2 = P_1 + \frac{1}{2}\rho u^2$$

$$P_2 + \frac{1}{2}\rho u^2 = P_0 + \frac{1}{2}\rho u_1^2$$

であり,両辺の和をとり,整理すると

$$P_1 - P_2 = \frac{1}{2}\rho(U^2 - u_1^2) \tag{5.5}$$

となる。これを用いると,風車に作用する空気抵抗はつぎのようになる。

$$T = (P_1 - P_2)S = \frac{1}{2}\rho(U^2 - u_1^2)S \tag{5.6}$$

これは運動量の変化から計算した空気抵抗の式 (5.4) と等しいはずだから次式が成立する。

$$(U - u_1)\rho u S = \frac{1}{2}\rho(U^2 - u_1^2)S$$

$$\therefore \quad u = \frac{1}{2}(U + u_1) \tag{5.7}$$

このようにプロペラの場合と同様に,風車回転面における軸方向の流速は,はるか上流と下流の速度の平均値になる。

つぎにパワーを考える。風車が風から受け取るパワーは風車が風に対して作用する単位時間当りの仕事に等しく,それは空気抵抗に速度を乗じたものであるから

$$P = Tu = \frac{1}{4}\rho(U + u_1)(U^2 - u_1^2)S \tag{5.8}$$

と書ける。トルクとの関係は

$$Q = \frac{P}{\Omega} \tag{5.9}$$

である。

風車の効率を表すパワー係数は,前述したように式 (5.8) と $(1/2)\rho U^3 S$ の比であるから,次式のようになる。

$$P_c = \frac{1}{2}\left(1 + \frac{u_1}{U}\right)\left\{1 - \left(\frac{u_1}{U}\right)^2\right\} \tag{5.10}$$

この式から速度比 $u_1/U=1/3$ のとき,効率は最大値 $P_{c\max}=16/27=0.593$ となることが容易にわかる。これをベッツの限界（Betz's limit）と呼ぶ。式 (5.10) をグラフにすると図 **5.2** のようになる。

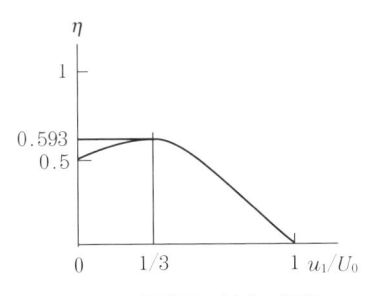

図 5.2 風速比と効率の関係

u_1/U が小さく 0 に近い状態は,図 **5.3**（a）に示すように風通しが悪く,風はほとんど風車の外側に逃げてしまう。つまりスリップストリームを風車から上流にたどると,非常に狭い範囲になり,風車が受け取るエネルギーはその狭い範囲の風のエネルギーということになる。このような流れは,ブレードの幅や数を大きくし過ぎた場合である。逆に図（b）のような流れは風通しはよいが,風のエネルギーがほとんど素通りしてしまい,風車はエネルギーを少ししか受け取っていない状態で,これはブレードの幅や数を小さくし過ぎた場合である。この二つの状態の中間に最適な状態が存在して,それが速度比 1/3 であり,そのときの効率がベッツの限界である。これは速度比が 1/3 になるようにブレードの幅や数を調整することによって実現する。

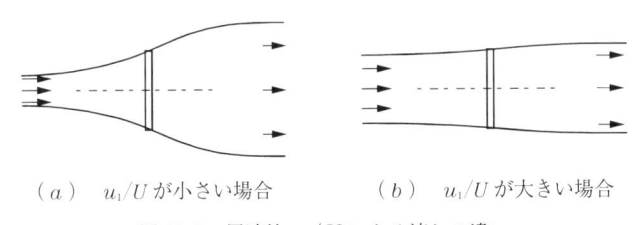

（a） u_1/U が小さい場合　　（b） u_1/U が大きい場合

図 5.3 風速比 u_1/U による流れの違い

以上,簡単な運動量理論ではあるが,重要な知見が得られた。しかし,ブレードの形状に関する知見は得られず,それはつぎの翼素理論によらなければな

らない。ここでもプロペラの章と同様に Adkins, C. N., Liebeck, R. H. の論文[13]を参考にして理論を説明する。

5.3 一般運動量理論と翼素理論

5.3.1 運動量理論による抵抗とトルク

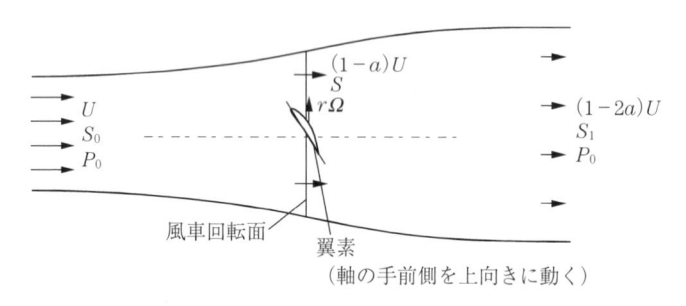

ここでは半径方向の速度成分は小さいものとして省略する。スリップストリームの各部分の流速，面積，圧力は図 5.4 に示すように定義する。風車の半径を R とすると，面積 $S = \pi R^2$ である。

図 5.4 パラメータの定義

回転角速度を Ω 〔rad/s〕とする。この図では軸より手前側の半径 r におけるブレードの断面が上向きに速度 Ωr で動いていることを示している。したがって，この風車は上流側から見て左回転（反時計回り）しているものとする。

単純運動量理論から，軸方向の速度は十分上流で U，風車面で $(1-a)U$，十分下流で $(1-2a)U$ に変化することがわかっている。したがって，質量 dm の流体要素の，軸方向の運動量の変化は $2aUFdm$ である。ここで F は翼端付近の半径方向の流れによる損失係数であり，プロペラの場合と同様に式 (4.54)，(4.55) で与えられる。

上記の運動量変化から，半径 r における単位半径長さ当りの抵抗 T' はつぎのように計算される。

$$T' \equiv \frac{dT}{dr} = 2\pi r\rho(1-a)\,U(2UaF) \tag{5.11a}$$

同様にトルクはつぎのようになる．

$$\frac{Q'}{r} \equiv \frac{1}{r}\frac{dQ}{dr} = 2\pi r\rho(1-a)\,U(2\Omega r a' F) \tag{5.11b}$$

ここで a' は回転方向の干渉係数である．

5.3.2 循環の方程式

図 5.5 は翼素に固定した座標系から見た流速とその成分，向きを示している．翼素に当たる流れの速度ベクトルを W とし，W の方向を回転面から測った角度を ϕ，W と翼弦とのなす角，つまり迎角を α，回転面から翼弦へ測った角度，すなわちピッチ角を β としている．したがって

$$\phi = \alpha + \beta \tag{5.12}$$

である．

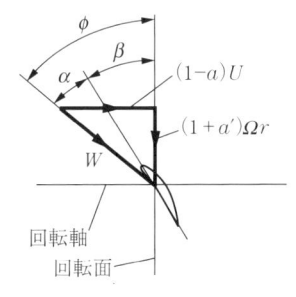

図 5.5 ブレード翼素に固定した座標系での流速

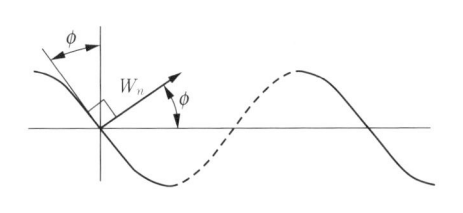

図 5.6 空間に固定した座標系での風車後流の渦面

半径方向にブレードまわりの循環が変化するため，その変化に応じて各半径位置から渦が放出され，らせん状の渦面を形成する．その渦面に含まれる半径 r における渦糸の軌跡を図 5.6 に示す．その渦糸の回転面に対する角度は，図 5.5 の ϕ と同じである．プロペラの場合と同様に，解析を簡単にするために，スリップストリームが後流で拡大しないで同じ直径を保つことを仮定し，またエネルギー損失が最小になるための条件，すなわち，ねじ状の渦面が変形

しないで流れるというベッツの条件[14]も仮定する。

ブレードの半径位置 r において，単位半径長さ当りの揚力はクッタ・ジューコフスキーの定理により次式で与えられる。

$$L' \equiv \frac{dL}{dr} = B\rho W\Gamma \tag{5.13}$$

ここで B はブレードの枚数，Γ は1枚のブレードのまわりの循環である。循環は，その定義から，ブレードまわりの速度の回転方向成分を一周線積分したものであるから

$$B\Gamma = 2\pi r F w_t \tag{5.14}$$

となる。ここで w_t は，後流での誘導速度の回転方向成分である。

図 5.6 に示す半径 r における渦糸の移流速度 w_n は渦面に垂直の向きである。したがって，誘導速度の回転方向成分は次式で与えられる。

$$w_t = w_n \sin \phi \tag{5.15}$$

渦面の軸方向の見かけの速度は次式で与えられる。

$$v' = w_n / \cos \phi \tag{5.16}$$

この見かけの移流速度 v' を

$$\zeta = \frac{v'}{U} \tag{5.17}$$

により無次元化する。これを使うと誘導速度の回転方向成分は

$$w_t = U\zeta \sin\phi \cos\phi \tag{5.18}$$

となり，式 (5.14) の循環はつぎのように書き換えられる。

$$\Gamma = \frac{2\pi U^2 \zeta G}{\Omega B} \tag{5.19}$$

ここで新たなパラメータはプロペラの場合と同様だが，以下に再掲する。

$$G = Fx \cos\phi \sin\phi \tag{5.20}$$

$$x = \frac{\Omega r}{U} \tag{5.21}$$

F については後述する。式 (5.19) を式 (5.13) に代入すると

$$L' \equiv \frac{dL}{dr} = 2\pi\rho\zeta G U^2 W \frac{1}{\Omega} \tag{5.22}$$

となる。

5.3.3 翼素理論と運動量理論の組合せ

単位半径長さ当りの翼素の抵抗 T'，トルク Q' は，図 **5.7** を参照すればつぎのように書けることがわかる。

$$T' \equiv \frac{dT}{dr} = L'\cos\phi + D'\sin\phi = L'\cos\phi(1 + \varepsilon\tan\phi) \tag{5.23 a}$$

$$\frac{Q'}{r} \equiv \frac{1}{r}\frac{dQ}{dr} = L'\sin\phi - D'\cos\phi = L'\sin\phi\left(1 - \frac{\varepsilon}{\tan\phi}\right) \tag{5.23 b}$$

ここで ε は翼素の抗揚比（抵抗/揚力）である。ここに式（5.22）を代入すると，つぎのようになる。

$$T' \equiv 2\pi\zeta G\rho U^2 W \frac{1}{\Omega}\cos\phi(1 + \varepsilon\tan\phi) \tag{5.24 a}$$

$$\frac{Q'}{r} \equiv 2\pi\zeta G\rho U^2 W \frac{1}{\Omega}\sin\phi\left(1 - \frac{\varepsilon}{\tan\phi}\right) \tag{5.24 b}$$

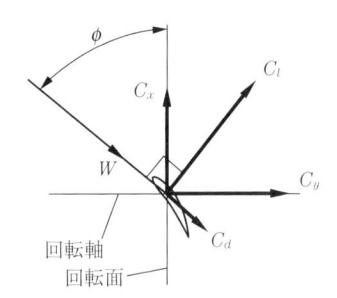

図 **5.7** 翼素に作用する力

運動量の方程式から導かれた抵抗とトルクの式（5.11）と，翼素理論から導かれた抵抗とトルクの式（5.24）を等置して変形すると，つぎのように干渉係数が得られる。

$$a = \frac{\zeta}{2}\cos^2\phi(1 + \varepsilon\tan\phi) \tag{5.25 a}$$

$$a' = \frac{\zeta}{2x} \cos \phi \sin \phi \left(1 - \frac{\varepsilon}{\tan \phi}\right) \quad (5.25\ b)$$

図 5.5 から，次式が成り立つことがわかる。

$$\tan \phi = \frac{U}{\Omega r} \frac{1-a}{1+a'} \quad (5.26)$$

ここに式 $(5.25\ a)$, $(5.25\ b)$ を代入して ϕ について解くと次式が得られる。

$$\tan \phi = \left(1 - \frac{\zeta}{2}\right) \frac{1}{x} = \left(1 - \frac{\zeta}{2}\right) \frac{\lambda}{\xi} \quad (5.27)$$

ここで x の定義は式 (5.21), λ の定義は式 (5.1) であり，ξ の定義はつぎのとおりである。

$$\xi = \frac{r}{R} \quad (5.28)$$

これらの変数の間では，つぎの関係式が成立する。

$$x = \frac{r\Omega}{U} = \frac{r}{R} \frac{1}{\lambda} = \frac{\xi}{\lambda} \quad (5.29)$$

ベッツの条件は，渦の移流速度が半径位置によらず一定であることであるから，式で表せば，$r_0 < r < R$ のとき $v' = \text{const}$，つまり $\zeta = \text{const}$ となる。このことと式 (5.27) から

$$r \tan \phi = \text{const} \qquad \text{for } r_0 < r < R \quad (5.30)$$

となる。式 (5.30) と式 (5.26) から次式が成立する。

$$\frac{1+a}{1-a'} = \text{const} \qquad \text{for } r_0 < r < R \quad (5.31)$$

5.3.4 抵抗係数，パワー係数の計算

抵抗係数の式 (5.2) とパワー係数の式 (5.3) を用いると，式 (5.24) はつぎのように書き換えられる。

$$T_c' = I_1' \zeta + I_2' \zeta^2 \quad (5.32\ a)$$
$$P_c' = J_1' \zeta - J_2' \zeta^2 \quad (5.32\ b)$$

ここでプライムは ξ での微分を意味し，そして各記号の定義はつぎのようである。

$$I_1' = 4\xi G(1+\varepsilon \tan \phi) \qquad (5.33\ a)$$

$$I_2' = \lambda \frac{I_1'}{2\xi}\left(1-\frac{\varepsilon}{\tan \phi}\right)\sin \phi \cos \phi \qquad (5.33\ b)$$

$$J_1' = 4\xi G\left(1-\frac{\varepsilon}{\tan \phi}\right) \qquad (5.33\ c)$$

$$J_2' = \frac{J_1'}{2}(1+\varepsilon \tan \phi)\cos^2 \phi \qquad (5.33\ d)$$

式 (5.33) を ξ_0 から 1 まで積分し I_1, I_2, J_1, J_2 を求めれば

$$T_c = I_1 \zeta + I_2 \zeta^2 \qquad (5.34\ a)$$

$$P_c = J_1 \zeta - J_2 \zeta^2 \qquad (5.34\ b)$$

により，風車全体の抵抗係数とパワー係数が求まる。式 (5.34 b) から ζ を求める式を書けば，次式のようになる。

$$\zeta = \frac{J_1 - \sqrt{J_1^2 - 4J_2 P_c}}{2J_2} \qquad (5.35)$$

5.3.5 ブレードの形状を決めるための式

ブレードの翼弦長を C（半径方向位置 r の関数）とする。半径 r における翼素の局所揚力係数を C_l とすると，そこでの単位半径長さ当りの揚力は次式の左辺のようになる。

$$\frac{1}{2}\rho W^2 C C_l = \rho W \Gamma \qquad (5.36)$$

ここで右辺はクッタ・ジューコフスキーの定理による揚力の式である。式 (5.36) に式 (5.19) を代入すると，つぎのようになる。

$$WC = \frac{4\pi \lambda GUR\zeta}{C_l B}$$

G の定義式 (5.20) を代入して整理すると

$$WC = \frac{4\pi r F \cos \phi \sin \phi U \zeta}{C_l B} \qquad (5.37)$$

となる。局所レイノルズ数を

$$Re = \frac{WC}{\nu} \qquad (5.38)$$

と定義する。ここで ν は流体の動粘性係数である。式（5.38）に式（5.37）を代入すると，次式が得られる。

$$Re = \frac{4\pi r F \cos\phi \sin\phi U \zeta}{\nu C_l B} \tag{5.39}$$

半径方向の流れによる損失係数 F には，プロペラの場合と同様に，つぎのプラントルの式を用いる。

$$F = \frac{2}{\pi}\arccos(e^{-f}) \tag{5.40}$$

$$f = \frac{B}{2}\frac{1-\xi}{\sin\phi_t} \tag{5.41}$$

ここで ϕ_t は翼端での ϕ の値であり，式（5.27）からつぎのようになる。

$$\tan\phi_t = \left(1 - \frac{\zeta}{2}\right)\lambda \tag{5.42}$$

これを用いて任意の半径位置での ϕ は，次式で計算できる。

$$\tan\phi = \frac{\tan\phi_t}{\xi} \tag{5.43}$$

ブレードに当たる流速は図 **5.5** からわかるように，次式で計算できる。

$$W = \frac{(1-a)U}{\sin\phi} \tag{5.44}$$

式（5.40），（5.41）からわかるように翼端では $F=0$ であるから，式（5.37）から $WC=0$ であり，したがって翼弦長は 0，つまりベッツの条件を満たすブレードは翼端の平面形が丸くなっていなくてはならない。

5.4　最適な風車の設計方法

5.3 節までに，ベッツの条件を満たす理想的なブレードの設計をするための式が出そろった。これらを使った設計手順は以下のようになる。

① 周速比 $1/\lambda = \Omega R/U$ を決める。プロペラ型風車では通常 10 程度である。
② U, R を決める。
③ ①，② から Ω を計算する。

5.4 最適な風車の設計方法

④ P_c の値を仮定する。

ベッツの限界は 0.593 だから，翼型の抵抗を考慮して 0.4 程度とする。

⑤ ζ を仮定する。通常 0.3 前後である。

⑥ 以下の計算は半径ごとに行うので，半径方向の刻みを決める。

例えば，$\xi = r/R = 0.1$, 0.2, 0.3, 0.4, 0.5, 0.6, 0.7, 0.8, 0.9, 0.975 とする。

⑦ ϕ を式 (5.27) から計算する。

⑧ F を式 (5.40)〜(5.42) から計算する。

⑨ 翼素の揚力係数を決める。通常 2 次元翼型特性から最も揚抗比が高いときの揚力係数を選び，効率を最大にする。

⑩ 局所レイノルズ数を式 (5.39) から計算する。

⑪ 翼素の迎角 a，抵抗係数 C_d を，局所レイノルズ数と 2 次元翼型特性（例えば図 4.7。出典元の文献 8) は web 上で閲覧可能）から求める。

⑫ a, a' を式 (5.25) から計算する。

⑬ W を式 (5.44) から計算する。

⑭ J_1', J_2' を式 (5.33 c), (5.33 d) から求め，$\xi = \xi_0$〜1 で積分し，J_1, J_2 を求める。

⑮ P_c を式 (5.34 b) から計算する。

⑯ ζ を式 (5.35) から計算する。

この ζ が⑤で仮定した ζ と一致しない場合は，⑮，⑯で得られた P_c と ζ を用いて，⑥からの計算をやり直す。

⑥〜⑯の計算を繰り返しても ζ が収束しない場合には，④で仮定した P_c の値を下方修正して，上記をやり直す。P_c は効率を意味するので，翼素の抵抗係数が大きい場合には，損失が大きいので，P_c は小さい値になるはずである。

⑰ 以上が計算できたら，翼弦長分布 C を式 (5.37) から，ピッチ角 β を式 (5.12) から計算することにより，ブレード形状が決まる。

⑱ 風車に作用する空気抵抗を式 (5.34 a), (5.2) により計算し，必要な強度を検討する。

5.5 ブレード形状が与えられた場合の空力特性の計算方法

5.4節ではベッツの条件を満たす最適なブレード形状を計算したが、それが最適なのは周速比がある一つの値の場合だけである。その周速比を**設計点**(design point) という。風速やトルク（負荷）が変化すると，周速比は設計点から外れるので，その場合の空力特性を計算することは必ず必要になる。

5.4節は最適な循環分布を決めて（渦の移流速度に置き換えて），それを実現するブレードの形状を求めた。本節では逆に，最初にブレード形状を決めて，それがどのような空力特性を持つかを計算する方法を検討する。

図5.7は翼素の空気力の係数 C_y, C_x と翼型の係数 C_l, C_d の関係を示しており，それぞれの関係はつぎのようになる。

$$C_y = C_l \cos\phi + C_d \sin\phi = C_l(\cos\phi + \varepsilon \sin\phi) \qquad (5.45\ a)$$

$$C_x = C_l \sin\phi - C_d \cos\phi = C_l(\sin\phi - \varepsilon \cos\phi) \qquad (5.45\ b)$$

単位半径長さ当りの抵抗とトルクはつぎのようになる。

$$T' = \frac{1}{2}\rho W^2 BC C_y \qquad (5.46\ a)$$

$$\frac{Q'}{r} = \frac{1}{2}\rho W^2 BC C_x \qquad (5.46\ b)$$

この推力とトルクは2次元翼の特性を用いた風車の空気力の式であり，これはまた，運動量の方程式による空気力，すなわち式 (5.11) に等しいことが要求される。したがって，式 (5.11) と式 (5.46) を等値して，干渉係数について解くとつぎのようになる。

$$a = \frac{\sigma K}{F + \sigma K} \qquad (5.47\ a)$$

$$a' = \frac{\sigma K'}{F - \sigma K'} \qquad (5.47\ b)$$

ただし

$$K = \frac{C_y}{4\sin^2\phi} \qquad (5.48\ a)$$

5.5 ブレード形状が与えられた場合の空力特性の計算方法

$$K' = \frac{C_x}{4\cos\phi\sin\phi} \quad (5.48\,b)$$

$$\sigma = \frac{BC}{2\pi r} \quad (5.49)$$

である。ここで損失係数 F については，最適形状の場合に適用した式（5.40）を流用する。したがって，最適形状から大きく外れる場合は誤差が大きくなると推定される。式（5.40）では翼端においては $F=0$ となるので，式（5.47）から，$a=1$，$a'=-1$ となり，現実にはあり得ない。これを回避するために，実験データを使う方法もあるが，数値計算において $\xi=1$ まで計算せずに $\xi=0.95$ 程度までの計算で止めておくという方法もある。

後述する数値計算のために必要な式を，つぎに示す（図 **5.5** 参照）。

$$\tan\phi = \frac{U(1-a)}{\varOmega r(1+a')} \quad (5.50)$$

$$W = \sqrt{U^2(1-a)^2 + \varOmega^2 r^2 (1+a')^2} \quad (5.51)$$

以上で任意形状のプロペラの性能解析を行うための式は出そろったので，つぎに計算手順を示す。

① ブレード形状：半径 R，ブレード数 B，翼弦長 $C(r)$，ピッチ角 $\beta(r)$
  作動条件：速度 U，回転角速度 $\varOmega$ を決める。
  半径位置の刻みを決める。例えば，$\xi=0.1$, 0.2, 0.3, 0.4, 0.5, 0.6, 0.7, 0.8, 0.9, 0.975 とする。

② ζ の初期値を仮定する。通常 0.3 程度の値とする。これは最終的には半径位置によって異なる値に収束するが，初期値は半径位置によらず，一つの値とする。

③ λ を式（5.1）から計算する。ϕ の初期値 ϕ_0 を式（5.27）から，F を式（5.40）から，W の初期値を $W_0 = \sqrt{U_0^2 + (\varOmega r)^2}$ により計算する。これらは各半径位置ごとに計算する，以後も同じである。

④ 局所レイノルズ数を式（5.38）により計算する。

⑤ 有効迎角 a を式（5.12）により計算する。

⑥ 2次元翼型特性に④，⑤のデータを当てはめ，C_l，C_d を求める。

⑦ C_y, C_x を式（5.45）により計算する。
⑧ K, K', σ を式（5.48），（5.49）により計算する。
⑨ a, a' を式（5.47）により計算する。
⑩ ϕ を式（5.50）により計算する。
⑪ W を式（5.51）により計算する。
⑫ F を式（5.40）によって再計算する。ただし，この段階では ζ の新たな値が不明なので，⑩で求めた $\tan\phi$ の翼端の値を用いて式（5.41）の $\sin\phi_t$ の値を計算し，それを式（5.40）に代入して F を求める。

ここから④に戻って計算し直し，a, a' の値が収束するまで繰り返す。収束し難い場合は，②の ζ の初期値を変更すると改善することがある。

⑬ 以上で得られた値を式（5.46）に代入し，$r=r_0$（ハブの半径）と R の範囲で積分し，抵抗とトルクを計算，さらにパワー，パワー係数を式（5.3）により計算する。

5.6 具体的な計算例

5.6.1 最適形状

条件を以下のように決める。

周速比 $1/\lambda \equiv \Omega R/U = 10$，風速 $U=5\,\mathrm{m/s}$，半径 $R=1\,\mathrm{m}$，ブレード数 $B=2$，回転角速度 $\Omega=50\,\mathrm{rad/s}=477\,\mathrm{rpm}$，パワー係数 $P_c=0.53$，ζ の初期値 $=0.3$

翼素の空力特性は図 **4.7** のデータを用いる。

各パラメータを **5.4** 節の手順で順次計算していくと，表 **5.1**（a）のようになる。

表 **5.1**（a）の右端の ζ の値を使って2回目の計算をすると，表（b）になる。3回目以後も同様である。

以上7回の繰返し計算で ζ がほとんど収束し，P_c も設定値 0.53 に近くなった。翼素の抵抗係数が0ではないので，P_c はベッツの限界 0.593 を超えるこ

5.6 具体的な計算例

表 5.1 最適風車の計算過程

(a) 1回目

$\xi=r/R$	$R\Omega/U$	U	R	Ω	P_c	ζ	$\tan\phi$	$\sin\phi_t$	f	F	C_l	α	Re	α	C_d	a	a'	w	J_1'	J_2'	J_1	J_2	$P_c(2)$	$\zeta(2)$
0.100	10	5	1	50	0.53	0.300	0.850	0.0869	10.363	1.000	0.7	5.0	44 410	5.0	0.026	0.090	0.0708	7.0	0.189	0.057				
0.200	10	5	1	50	0.53	0.300	0.425	0.0869	9.211	1.000	0.7	5.0	64 790	5.0	0.025	0.129	0.0247	11.1	0.528	0.227				
0.300	10	5	1	50	0.53	0.300	0.283	0.0869	8.060	1.000	0.7	5.0	70 799	5.0	0.023	0.140	0.0116	15.8	0.835	0.390				
0.400	10	5	1	50	0.53	0.300	0.213	0.0869	6.908	0.999	0.7	5.0	73 146	5.0	0.022	0.144	0.0065	20.6	1.108	0.534				
0.500	10	5	1	50	0.53	0.300	0.170	0.0869	5.757	0.998	0.7	5.0	74 199	5.0	0.022	0.147	0.0040	25.5	1.344	0.657				
0.600	10	5	1	50	0.53	0.300	0.142	0.0869	4.606	0.994	0.7	5.0	74 515	5.0	0.022	0.148	0.0027	30.4	1.546	0.761				
0.700	10	5	1	50	0.53	0.300	0.121	0.0869	3.454	0.980	0.7	5.0	73 869	5.0	0.022	0.148	0.0019	35.3	1.703	0.842				
0.800	10	5	1	50	0.53	0.300	0.106	0.0869	2.303	0.936	0.7	5.0	70 821	5.0	0.023	0.149	0.0014	40.3	1.739	0.863				
0.900	10	5	1	50	0.53	0.300	0.094	0.0869	1.151	0.795	0.7	5.0	60 293	5.0	0.025	0.149	0.0010	45.2	1.500	0.746				
0.975	10	5	1	50	0.53	0.300	0.087	0.0869	0.288	0.460	0.7	5.0	34 941	5.0	0.030	0.149	0.0007	49.0	0.770	0.383				
																					1.088	0.527	0.279	0.788

(b) 2回目

$\xi=r/R$	$R\Omega/U$	U	R	Ω	P_c	ζ	$\tan\phi$	$\sin\phi_t$	f	F	C_l	α	Re	α	C_d	a	a'	w	J_1'	J_2'	J_1	J_2	$P_c(2)$	$\zeta(2)$
0.100	10	5	1	50	0.279	0.788	0.606	0.0620	14.509	1.000	0.7	5.0	104 786	5.0	0.023	0.294	0.1652	6.8	0.168	0.063				
0.200	10	5	1	50	0.279	0.788	0.303	0.0620	12.897	1.000	0.7	5.0	131 216	5.0	0.021	0.364	0.0493	11.0	0.400	0.185				
0.300	10	5	1	50	0.279	0.788	0.202	0.0620	11.285	1.000	0.7	5.0	137 644	5.0	0.020	0.381	0.0219	15.6	0.600	0.290				
0.400	10	5	1	50	0.279	0.788	0.151	0.0620	9.673	1.000	0.7	5.0	140 041	5.0	0.020	0.387	0.0118	20.5	0.769	0.377				
0.500	10	5	1	50	0.279	0.788	0.121	0.0620	8.061	1.000	0.7	5.0	141 159	5.0	0.019	0.390	0.0073	25.4	0.927	0.458				
0.600	10	5	1	50	0.279	0.788	0.101	0.0620	6.449	0.999	0.7	5.0	141 672	5.0	0.019	0.391	0.0048	30.3	1.052	0.522				
0.700	10	5	1	50	0.279	0.788	0.087	0.0620	4.836	0.995	0.7	5.0	141 477	5.0	0.020	0.392	0.0032	35.2	1.122	0.558				
0.800	10	5	1	50	0.279	0.788	0.076	0.0620	3.224	0.975	0.7	5.0	138 835	5.0	0.020	0.393	0.0023	40.2	1.170	0.583				
0.900	10	5	1	50	0.279	0.788	0.067	0.0620	1.612	0.872	0.7	5.0	124 383	5.0	0.021	0.393	0.0016	45.2	1.050	0.524				
0.975	10	5	1	50	0.279	0.788	0.062	0.0620	0.403	0.534	0.7	5.0	76 215	5.0	0.026	0.393	0.0010	48.9	0.506	0.253				
																					0.751	0.369	0.363	0.488

98   5. 風車

表 5.1 (続き)

(c) 6回目

$\xi=r/R$	$R\Omega/U$	U	R	Ω	P_c	ζ	$\tan\phi$	$\sin\phi_t$	f	F	C_l	Re	α	C_d	a	a'	w	J_1'	J_2'
0.100	10	5	1	50	0.355	0.504	0.748	0.076 5	11.769	1.000	0.7	72 568	5.0	0.025	0.166	0.115 2	7.0	0.183	0.060
0.200	10	5	1	50	0.355	0.504	0.374	0.076 5	10.461	1.000	0.7	99 270	5.0	0.022	0.224	0.037 9	11.1	0.481	0.213
0.300	10	5	1	50	0.355	0.504	0.249	0.076 5	9.153	1.000	0.7	106 524	5.0	0.021	0.239	0.017 4	15.7	0.743	0.352
0.400	10	5	1	50	0.355	0.504	0.187	0.076 5	7.846	1.000	0.7	109 302	5.0	0.021	0.245	0.009 6	20.5	0.970	0.471
0.500	10	5	1	50	0.355	0.504	0.150	0.076 5	6.538	0.999	0.7	110 573	5.0	0.021	0.248	0.005 9	25.4	1.168	0.574
0.600	10	5	1	50	0.355	0.504	0.125	0.076 5	5.231	0.997	0.7	111 040	5.0	0.021	0.249	0.003 9	30.4	1.337	0.661
0.700	10	5	1	50	0.355	0.504	0.107	0.076 5	3.923	0.987	0.7	110 465	5.0	0.021	0.250	0.002 7	35.3	1.470	0.729
0.800	10	5	1	50	0.355	0.504	0.093	0.076 5	2.615	0.953	0.7	106 942	5.0	0.021	0.251	0.002 0	40.3	1.536	0.763
0.900	10	5	1	50	0.355	0.504	0.083	0.076 5	1.308	0.826	0.7	92 782	5.0	0.022	0.251	0.001 4	45.2	1.372	0.683
0.975	10	5	1	50	0.355	0.504	0.077	0.076 5	0.327	0.487	0.7	54 808	5.0	0.028	0.251	0.000 9	48.9	0.676	0.337

J_1	J_2	$P_c'(2)$	$\zeta(2)$
0.960	0.468	0.365	0.484

(d) 7回目

$\xi=r/R$	$R\Omega/U$	U	R	Ω	P_c	ζ	$\tan\phi$	$\sin\phi_t$	f	F	C_l	Re	α	C_d	a	a'	w	J_1'	J_2'
0.100	10	5	1	50	0.365	0.484	0.758	0.077 5	11.612	1.000	0.7	69 908	5.0	0.026	0.158	0.110 8	7.0	0.183	0.060
0.200	10	5	1	50	0.365	0.484	0.379	0.077 5	10.322	1.000	0.7	96 245	5.0	0.023	0.214	0.036 6	11.1	0.484	0.214
0.300	10	5	1	50	0.365	0.484	0.253	0.077 5	9.032	1.000	0.7	103 458	5.0	0.022	0.229	0.016 8	15.7	0.749	0.355
0.400	10	5	1	50	0.365	0.484	0.189	0.077 5	7.741	1.000	0.7	106 226	5.0	0.021	0.235	0.009 3	20.5	0.985	0.478
0.500	10	5	1	50	0.365	0.484	0.152	0.077 5	6.451	0.999	0.7	107 490	5.0	0.021	0.238	0.005 8	25.4	1.187	0.583
0.600	10	5	1	50	0.365	0.484	0.126	0.077 5	5.161	0.996	0.7	107 946	5.0	0.021	0.239	0.003 8	30.4	1.360	0.672
0.700	10	5	1	50	0.365	0.484	0.108	0.077 5	3.871	0.987	0.7	107 352	5.0	0.021	0.240	0.002 7	35.3	1.496	0.742
0.800	10	5	1	50	0.365	0.484	0.095	0.077 5	2.580	0.952	0.7	103 827	5.0	0.022	0.241	0.001 9	40.3	1.529	0.760
0.900	10	5	1	50	0.365	0.484	0.084	0.077 5	1.290	0.822	0.7	89 897	5.0	0.023	0.241	0.001 4	45.2	1.359	0.677
0.975	10	5	1	50	0.365	0.484	0.078	0.077 5	0.323	0.484	0.7	52 991	5.0	0.028	0.241	0.000 9	48.9	0.691	0.344

J_1	J_2	$P_c'(2)$	$\zeta(2)$
0.968	0.471	0.358	0.498

とはできない。翼素の空力特性として**図 4.7** を用いると，P_c の値は 0.53 が上限のようである。干渉係数 a は約 0.3 であり，ベッツの限界における値 1/3 に近い値となっている。

この結果を基に抵抗係数，ブレードの形状を計算すると，**表 5.2** のようになる。**表 5.2**（b）の形状の風車を**図 5.8** に示す。

表 5.2 最適風車の計算結果

(a)

l_1'	l_2'	l_1	l_2	T_c
0.198	0.045 3			
0.537	0.040 6			
0.862	0.029 9			
1.177	0.022 7			
1.487	0.017 7			
1.791	0.014 1			
2.077	0.011 5			
2.295	0.009 0			
2.235	0.006 3			
1.427	0.002 7			
		1.337	0.019 8	0.652

(b)

r [mm]	C [mm]	β [°]
100	150.1	32.2
200	129.9	15.8
300	98.4	9.2
400	77.4	5.7
500	63.2	3.6
600	53.2	2.2
700	45.5	1.2
800	38.6	0.4
900	29.7	−0.2
975	16.2	−0.6

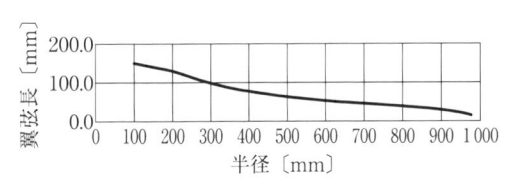

図 5.8 最適風車の形状

表 5.3 最適風車の性能

$T = 32.0$ [N]
$\Omega Q = 88$ [W]
$Q = 1.76$ [Nm]

表 5.1 および**表 5.2** のデータから，風車の受ける抵抗 T，パワー ΩQ，トルク Q を計算すると**表 5.3** のようになる。

5.6.2 形状が与えられた場合

ブレード形状は 5.6.1 項で求めたものを使い，作動条件を設計点から変化させ，つぎの値とする。

風速 $U=7$ m/s，回転速度 $\Omega=60$ rad/s$=573$ rpm，したがって，周速比 $\lambda=8.57$
翼素の空力特性は図 *4.7* の値を用いる。

各パラメータを **5.5** 節の手順で順次計算していくと，**表 5.4** のようになる。表（*a*）の $\tan\phi$，W，f，F の値を使って 2 回目の計算をすると表（*b*）になる。3 回目も同様に表（*c*）のようになる。

表 5.4 の最後で a，a' などの値はほぼ収束した。この結果を用いて空力特性を計算すると**表 5.5** のようになる。

表 5.5 の T'，Q' を積分し，パワー，パワー係数も計算すると**表 5.6** のようになる。

5.6.1 項での計算は設計点（周速比 $\lambda=10$）であるから，パワー係数（効率）は 0.53 だったが，同じブレードを設計点でない条件（周速比 $\lambda=8.57$）で作動させた本項の場合にもほとんど変化はなかった。

コーヒーブレイク

最適なブレード幅

オランダの伝統的な風車に比べると，図 *5.8* のブレードはかなり幅（翼弦長）が狭い。最近の実際の風車も下の写真のように幅が狭い。直感的にはもっと幅を大きくした方が大きなパワーが得られそうだが，この程度が最適なのである。

5.6 具体的な計算例

表 5.4 任意形状の風車の特性計算の過程

(a) 1 回目

$\xi=r/R$	β	C	R	U	Ω	ζ_0	λ_0	$\tan\phi_0$	f	F	W_0	Re	$\alpha(°)$	C_l	C_d	C_y	C_x	K	K'	σ	a	a'	$\tan\phi$	W	f	F
0.100	29.9	0.185	1	7	60	0.3	0.117	0.992	9.120	1.000	9.2	113 764	14.9	0.92	0.025	0.671	0.630	0.338	0.315	0.589 5	0.166	0.228 1	0.792	9.4	9.76	1.000
0.200	14.2	0.154	1	7	60	0.3	0.117	0.496	8.107	1.000	13.9	142 457	12.1	0.98	0.025	0.889	0.413	1.126	0.259	0.244 9	0.216	0.067 9	0.428	13.9	8.673	1.000
0.300	8.1	0.115	1	7	60	0.3	0.117	0.331	7.093	0.999	19.3	148 311	10.2	1.00	0.030	0.959	0.285	2.434	0.239	0.122 3	0.229	0.030 2	0.291	19.3	7.589	1.000
0.400	4.9	0.090	1	7	60	0.3	0.117	0.248	6.080	0.999	25.0	150 249	9.0	0.94	0.025	0.918	0.202	3.965	0.216	0.071 8	0.222	0.015 8	0.223	25.0	6.505	0.999
0.500	2.9	0.074	1	7	60	0.3	0.117	0.198	5.067	0.996	30.8	151 064	8.3	0.93	0.023	0.917	0.158	6.055	0.207	0.046 9	0.222	0.009 9	0.180	30.8	5.421	0.997
0.600	1.6	0.062	1	7	60	0.3	0.117	0.165	4.053	0.989	36.7	151 260	7.8	0.90	0.021	0.891	0.126	8.381	0.196	0.032 8	0.218	0.006 5	0.151	36.6	4.337	0.992
0.700	0.7	0.053	1	7	60	0.3	0.117	0.142	3.040	0.970	42.6	150 442	7.4	0.86	0.019	0.854	0.102	10.854	0.183	0.024 1	0.213	0.004 6	0.131	42.6	3.252	0.975
0.800	0.0	0.045	1	7	60	0.3	0.117	0.124	2.027	0.916	48.5	146 177	7.1	0.82	0.019	0.816	0.082	13.482	0.168	0.018 0	0.209	0.003 3	0.115	48.5	2.168	0.927
0.900	-0.6	0.035	1	7	60	0.3	0.117	0.110	1.013	0.763	54.5	128 053	6.9	0.82	0.019	0.817	0.071	17.031	0.163	0.012 5	0.218	0.002 7	0.101	54.4	1.084	0.780
0.975	-0.9	0.019	1	7	60	0.3	0.117	0.102	0.253	0.434	58.9	76 479	6.7	0.81	0.025	0.808	0.057	19.738	0.142	0.006 4	0.224	0.002 1	0.093	58.9	0.271	0.448

(b) 2 回目

$\xi=r/R$	β	C	R	U	Ω	ζ_0	λ_0	$\tan\phi_0$	f	F	W_0	Re	$\alpha(°)$	C_l	C_d	C_y	C_x	K	K'	σ	a	a'	$\tan\phi$	W	f	F
0.100	29.9	0.185	1	7	60	0.3	0.117	0.792	9.757	1.000	9.4	115 988	8.5	0.95	0.025	0.760	0.570	0.493	0.293	0.589 5	0.225	0.208 7	0.748	9.1	10.057	1.000
0.200	14.2	0.154	1	7	60	0.3	0.117	0.428	8.673	1.000	13.9	142 938	8.9	0.98	0.025	0.911	0.363	1.470	0.251	0.244 9	0.265	0.065 4	0.403	13.8	8.939	1.000
0.300	8.1	0.115	1	7	60	0.3	0.117	0.291	7.589	1.000	19.3	148 300	8.1	0.93	0.022	0.899	0.239	2.881	0.222	0.122 3	0.261	0.028 0	0.280	19.2	7.822	1.000
0.400	4.9	0.090	1	7	60	0.3	0.117	0.223	6.505	0.999	25.0	150 129	7.7	0.92	0.022	0.903	0.179	4.745	0.210	0.071 8	0.254	0.015 4	0.214	24.9	6.704	0.999
0.500	2.9	0.074	1	7	60	0.3	0.117	0.180	5.421	0.997	30.8	150 946	7.3	0.86	0.020	0.850	0.133	6.783	0.190	0.046 9	0.242	0.009 0	0.175	30.7	5.587	0.998
0.600	1.6	0.062	1	7	60	0.3	0.117	0.151	4.337	0.992	36.6	151 149	7.0	0.85	0.019	0.843	0.108	9.442	0.183	0.032 8	0.238	0.006 1	0.147	36.6	4.470	0.993
0.700	0.7	0.053	1	7	60	0.3	0.117	0.131	3.252	0.975	42.6	150 341	6.8	0.82	0.019	0.816	0.087	12.150	0.170	0.024 1	0.231	0.004 2	0.128	42.5	3.352	0.978
0.800	0.0	0.045	1	7	60	0.3	0.117	0.115	2.168	0.927	48.5	146 080	6.6	0.81	0.018	0.807	0.075	15.476	0.164	0.018 0	0.231	0.003 2	0.112	48.5	2.235	0.932
0.900	-0.6	0.035	1	7	60	0.3	0.117	0.101	1.084	0.780	54.4	127 979	6.3	0.79	0.017	0.788	0.063	19.453	0.156	0.012 5	0.237	0.002 5	0.099	54.4	1.117	0.788
0.975	-0.9	0.019	1	7	60	0.3	0.117	0.093	0.271	0.448	58.9	76 421	6.2	0.79	0.024	0.789	0.049	23.180	0.133	0.006 4	0.248	0.001 9	0.090	58.8	0.279	0.454

表 5.4 （続き）

(c) 3 回目

$\xi=r/R$	β	C	R	U	Ω	ζ_0	λ_0	$\tan\phi_0$	f	F	W_0	Re	α [°]	C_l	C_d	C_y	C_x	K	K'	σ	a	a'	$\tan\phi$	W	f	F
0.100	29.9	0.185	1	7	60	0.3	0.117	0.748	10.057	1.000	9.1	111 746	6.9	0.82	0.020	0.669	0.475	0.466	0.248	0.589 5	0.216	0.170 9	0.782	8.9	10.043	1.000
0.200	14.2	0.154	1	7	60	0.3	0.117	0.403	8.939	1.000	13.8	141 325	7.7	0.88	0.020	0.824	0.310	1.477	0.224	0.244 9	0.266	0.058 0	0.405	13.7	8.927	1.000
0.300	8.1	0.115	1	7	60	0.3	0.117	0.280	7.822	1.000	19.2	147 547	7.5	0.88	0.020	0.853	0.218	2.938	0.210	0.122 3	0.264	0.026 3	0.279	19.2	7.811	1.000
0.400	4.9	0.090	1	7	60	0.3	0.117	0.214	6.704	0.999	24.9	149 776	7.2	0.86	0.020	0.845	0.161	4.815	0.196	0.071 8	0.257	0.014 3	0.214	24.9	6.695	0.999
0.500	2.9	0.074	1	7	60	0.3	0.117	0.175	5.587	0.998	30.7	150 704	7.0	0.85	0.019	0.841	0.128	7.043	0.188	0.046 9	0.249	0.008 9	0.174	30.7	5.579	0.998
0.600	1.6	0.062	1	7	60	0.3	0.117	0.147	4.470	0.993	36.6	150 996	6.7	0.85	0.019	0.844	0.105	9.941	0.182	0.032 8	0.247	0.006 1	0.145	36.6	4.463	0.993
0.700	0.7	0.053	1	7	60	0.3	0.117	0.128	3.352	0.978	42.5	150 230	6.6	0.82	0.018	0.816	0.086	12.722	0.171	0.024 1	0.239	0.004 2	0.126	42.5	3.348	0.978
0.800	0.0	0.045	1	7	60	0.3	0.117	0.112	2.235	0.932	48.5	146 014	6.4	0.80	0.018	0.797	0.071	16.145	0.161	0.018 0	0.238	0.003 1	0.111	48.4	2.232	0.932
0.900	−0.6	0.035	1	7	60	0.3	0.117	0.099	1.117	0.788	54.4	127 927	6.2	0.80	0.018	0.798	0.061	20.710	0.155	0.012 5	0.247	0.002 5	0.097	54.4	1.116	0.787
0.975	−0.9	0.019	1	7	60	0.3	0.117	0.090	0.279	0.454	58.8	76 388	6.0	0.75	0.022	0.749	0.045	23.379	0.127	0.006 4	0.247	0.001 8	0.090	58.8	0.279	0.454

表 5.5 任意形状の風車の特性例

$\xi=r/R$	C [m]	R [m]	W [m/s]	C_y	C_x	T'	Q/r	Q
0.100	0.185	1	8.917	0.669	0.475	12.30	8.74	0.874
0.200	0.154	1	13.697	0.824	0.310	29.72	11.18	2.237
0.300	0.115	1	19.178	0.853	0.218	45.17	11.53	3.460
0.400	0.090	1	24.892	0.845	0.161	59.01	11.21	4.485
0.500	0.074	1	30.721	0.841	0.128	72.94	11.12	5.558
0.600	0.062	1	36.599	0.844	0.105	87.40	10.88	6.527
0.700	0.053	1	42.513	0.816	0.086	97.66	10.29	7.205
0.800	0.045	1	48.444	0.797	0.071	105.69	9.41	7.530
0.900	0.035	1	54.389	0.798	0.061	104.08	7.90	7.114
0.975	0.019	1	58.841	0.749	0.045	63.11	3.81	3.714

表 5.6 任意形状の風車の特性例

$T = 64.6$ N
$Q = 4.68$ N·m
$P = 281$ W
$Pc = 0.418$

演習問題

【1】 運動量理論によると風車のパワー係数は，次式のようになる。
$$P_c = \frac{1}{2}\left(1+\frac{u_1}{U}\right)\left\{1-\left(\frac{u_1}{U}\right)^2\right\}$$
ここで U は主流風速，u_1 は風車下流の風速である。風速比 u_1/U がいくらのときにパワー係数が最大になるか。

【2】 ある風車において，周速比 $\Omega R/U$ は何によって変化するか。

【3】 ピッチ角 β を増やすと最適な周速比はどうなるか。

6

送風機,ポンプ

　送風機(fan, blower),ポンプ(pump)はさまざまな構造のものがあり,その特性に応じて使い分ける必要がある。ここでは基本的な特性と管路系の考え方を述べ,ついで最も基本的な遠心送風機と軸流送風機を取り上げ,作動原理と設計手法を解説する。なお,送風機もポンプも考え方はほとんど同じであるが,特性を記述するパラメータを変えた方が便利であるため,特性についてはそれぞれ解説する。

6.1 送風機の特性

　送風機やポンプは換気システムや水道網などに組み込まれて使われるので,管路の中でエネルギーを供給する要素として位置づけられる。例えば図 6.1 のような準1次元流れを考え,入口の静圧と流速を P_1, V_1, 出口の静圧と流速を P_2, V_2 とし,管路の曲がりや壁面摩擦などによる圧力損失(pressure loss)を P_l, 送風機による圧力上昇を P_F とする。このとき,全体のエネルギー収支はベルヌーイの定理を拡張して次式のように表される。

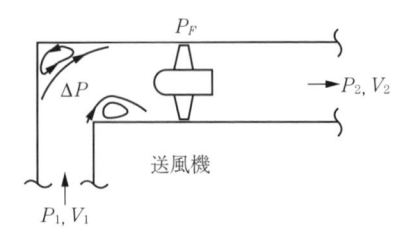

図 6.1 管路の系

6.1 送風機の特性

$$P_1 + \frac{1}{2}\rho V_1^2 + P_F - P_l = P_2 + \frac{1}{2}\rho V_2^2 \tag{6.1}$$

ここで ρ は流体の密度である。この式を書き換えると，つぎのようになる。

$$P_F = P_2 - P_1 + \frac{1}{2}\rho V_2^2 - \frac{1}{2}\rho V_1^2 + P_l \tag{6.2}$$

ただし入口が大きな空間に開放されている場合は，ベルヌーイの定理は速度 0 の空間から適用されるため，$V_1 = 0$ である。

式 (6.2) から送風機は，出口と入口の静圧の差，動圧の差および圧力損失の合計に見合う圧力を生み出す必要があることがわかる。換気などを想定すると静圧差は流量の 2 乗に比例し，動圧の差も風量の 2 乗，圧力損失は風路の中のはく離などの圧力抵抗が主原因であるから流速の 2 乗に比例する。したがって，送風機の特性は図 **6.2** のような圧力（送風機の入口と出口の圧力差）と流量のグラフで表すことが多い。この送風機の特性は送風機を駆動するモータへの電圧を一定にしておいて，風路の圧力損失を変化させることによって風量を変化させて計測される場合が多い。図 **6.2** のグラフを特性曲線（characteristic curve）といい，P-Q 特性と呼ぶことも多い。図中の管路系の圧力損失とは式 (6.2) の右辺を意味する。したがって，図 **6.2** で送風機の特性と管路系の圧力損失が交わる点が作動点である。

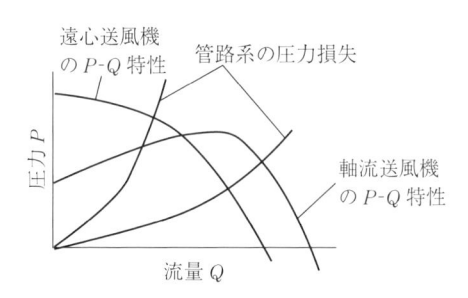

図 **6.2** 送風機の特性と管路系の圧力損失

この特性曲線は，送風機の構造（形式）に応じてそれぞれの特徴があり，例えば図 **6.2** のように，遠心送風機は流量が少ないほど圧力が高くなる特性を持ち，一方，軸流送風機は流量を絞り過ぎると翼面上で気流がはく離して揚力

が低下するため,圧力が低下する。このような特性の違いにより,図から読み取れるように圧力損失が大きい管路系には遠心送風機が適しており,圧力損失が小さい管路系には軸流送風機が適している。管路系を設計する場合には必要な流量と圧力損失の関係を予測して,市販の送風機の特性を調べて,最適な送風機を選定することが必要である。

管路を流れる流量を Q とすれば,送風機が流体に与えるパワー(仕事率)は

$$L_{out} = P_F Q \tag{6.3}$$

である。圧力の単位を $Pa = N/m^2$,流量の単位を m^3/s とすれば,パワーの単位は $N \cdot m/s = W$(ワット)になる。送風機を駆動するためのトルクを M,回転角速度を ω とすれば,送風機に入力される軸動力は

$$L_{in} = M\omega \tag{6.4}$$

である。トルクの単位を $N \cdot m$,角速度の単位を rad/s とすれば,このパワーの単位も $N \cdot m/s = W$ になる。したがって効率は

$$\eta = \frac{L_{out}}{L_{in}} = \frac{P_F Q}{M\omega} \tag{6.5}$$

となる。L_{in} としてモータへの入力を用いれば,効率としては式(6.5)にモータの効率を乗じたものになる。

送風機の特性は図 **6.3** に示すような形で,流量を横軸として,縦軸に圧力,パワー(入力,出力),効率として表す。管路全体の圧力損失と送風機の組合せは,図 **6.3** で効率が最大になるところで作動するように設計することが望ましい。

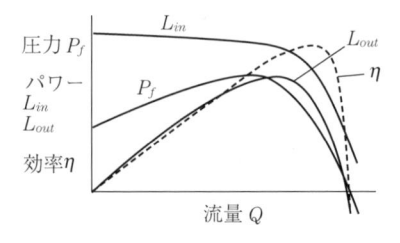

図 **6.3** 送風機の特性

6.2 ポンプの特性

ポンプは送風機と違って密度の大きい，したがって重力の影響の大きい液体を扱うので，式などの表し方を変えた方が便利である。例えば図 **6.4** のようにポンプで水を汲み上げる場合を考える。水面 a では水の速度は 0，静圧は大気圧である。出口 d では速度 V_d とし，a と d での大気圧の差は水圧に比較して無視できる場合が多いので d での静圧も a と同じ大気圧とする。大気圧を P_a とするとポンプ入口での圧力は

$$P_b = P_a - \rho g H_1 \qquad (6.6)$$

となる。ここで ρ は水の密度，H_1 は水面 a とポンプ入口の高さの差である。ここで注意すべきは大気圧が約 10^5 Pa であり，H_1 が 10 m を超えると $\rho g H_1 \fallingdotseq 10^3 \times 9.8 \times 10 \fallingdotseq 10^5$ を超えるため式 (6.6) の右辺が負になり，水を吸い上げることは不可能になることである。ポンプ出口での圧力は

$$P_c = P_a + \rho g H_3 \qquad (6.7)$$

となる。ここで H_3 はポンプ出口と流出口 d との高さの差である。したがって，ポンプが発生しなければならない圧力は

$$P_{pump} = P_c - P_b + \rho g H_2 + \frac{1}{2}\rho V_d^2 + P_l$$

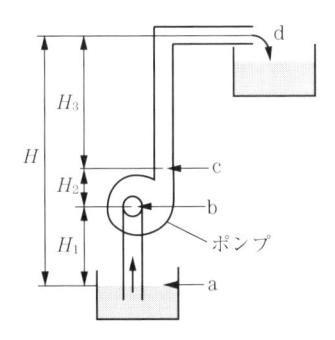

図 **6.4** ポンプによる水の汲上げ

6. 送風機，ポンプ

$$= \rho g(H_1+H_2+H_3) + \frac{1}{2}\rho V_d^2 + P_l$$

$$= \rho g H + \frac{1}{2}\rho V_d^2 + P_l \tag{6.8}$$

となる。ここで，V_d は出口での流速，P_l は流路全体（ポンプの中は除く）の圧力損失である。式（6.8）を ρg で割ると次式を得る。

$$H_{pump} = H + \frac{1}{2g}V_d^2 + H_l \tag{6.9}$$

ここで

$$H_{pump} \equiv \frac{P_{pump}}{\rho g} \tag{6.10}$$

をポンプの揚程（ヘッド）という。圧力の代わりに揚程を使えば，ポンプによってどの高さまで水を持ち上げることができるかがわかり便利である。ポンプの揚程はポンプの入口と出口の圧力差を計測すれば求まる。さらに H を計測し，流量から V_d を求めれば，式（6.9）により損失ヘッド H_l がわかる。

ポンプにも遠心ポンプと軸流ポンプがあり，それらの特性の差は送風機の場合と同様である。ポンプの場合は送風機と違い，揚程を使う。ポンプが発生するパワーは

$$L_w = \rho g Q H_{pump} \tag{6.11}$$

であり，これを水動力（water power）と呼ぶ。ここで ρ は水の密度，g は重力加速度，Q は流量である。ρ, g, Q それぞれの単位を kg/m³, m/s², m³/s とすれば水動力の単位は W（ワット）になる。ポンプに入力される軸動力は，送風機と同様にトルク M と回転角速度 ω の積で

$$L_{in} = M\omega \tag{6.12}$$

となる。ここでも，M, ω の単位をそれぞれ N・m, rad/s とすれば，L_{in} の単位は W（ワット）になる。効率は

$$\eta = \frac{L_w}{L_{in}} = \frac{\rho g Q H_{pump}}{M\omega} \tag{6.13}$$

となる。これらの特性は流量を横軸にして，図 **6.5** のように表す。L_{in} としてポンプを駆動するモータへ入力される電力を使えば，効率は式（6.13）に

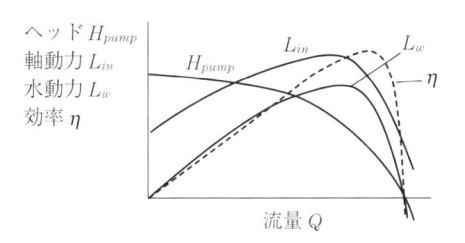

図 **6.5** ポンプの特性

モータの効率を乗じたものになる。

6.3　遠心送風機・ポンプの作動原理[18]

図 **6.6** に示す遠心送風機（radial fan）では羽根車の中心から流体が流入し，羽根車を通って外側に流出する。羽根車の半径 R_1 の入口と半径 R_2 の出口では，全周にわたって流速は均一と仮定する。この仮定は羽根（ブレード，blade）の枚数が十分に多い場合に成立する。羽根車の回転角速度を ω とすれば，入り口での羽根車の周速度は $U_1=\omega R_1$，出口での周速度は $U_2=\omega R_2$ となる。図 **6.7**（a），（b）はそれぞれ入口と出口における速度を示したもので，V_1 と V_2 は絶対速度（静止座標系から見た流速），W_1 と W_2 は羽根車に対する相対流速である。W と U の合速度が V になり，これら三つの速度の関係を

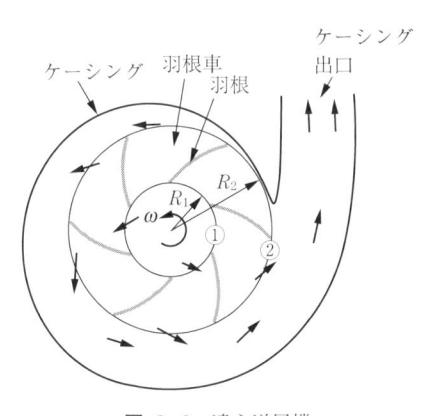

図 **6.6**　遠心送風機

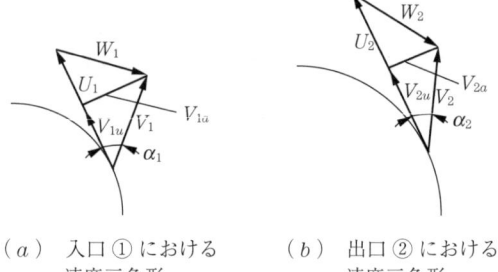

110   6. 送風機，ポンプ

(a) 入口 ① における速度三角形
(b) 出口 ② における速度三角形

図 6.7 遠心送風機の速度三角形

速度三角形という。

以下では，運動量理論を用いて流速とトルク，仕事率の関係を導く。流体を非圧縮と仮定し，密度を ρ，体積流量を Q とすれば質量流量は ρQ である。入口および出口での角運動量はそれぞれ $\rho Q R_1 V_{1u}$，$\rho Q R_2 V_{2u}$ 〔N·m〕であるから，羽根車から流体に作用するトルク M 〔N·m〕は

$$M = \rho Q (R_2 V_{2u} - R_1 V_{1u}) \tag{6.14}$$

である。軸動力 L 〔N·m/s〕は

$$L = M\omega = \rho Q (R_2 V_{2u} - R_1 V_{1u}) \omega \tag{6.15}$$

であるから，単位質量流量当りの軸動力 W 〔m²/s²〕は

$$W = (R_2 V_{2u} - R_1 V_{1u}) \omega = U_2 V_{2u} - U_1 V_{1u} \tag{6.16}$$

となる。これを重力加速度 g で割って，長さの単位にした H_{th} は

$$H_{th} = \frac{1}{g}(U_2 V_{2u} - U_1 V_{1u}) \tag{6.17}$$

となり，これを**オイラーヘッド**（Euler head）と呼ぶ。ポンプの場合には，水を式（6.17）の高さまで押し上げるだけのエネルギーが水に与えられることを意味する。ポンプの軸に入力しなければならないエネルギーは上記のオイラーヘッドに加え，軸受けの摩擦，流体の粘性による摩擦，流れのはく離などによる損失ヘッドもあるため，それらを損失ヘッド H_l とすれば，ポンプの軸に入力されなければならないヘッドは $H = H_{th} + H_l$ である。したがって，効率 η は

6.3 遠心送風機・ポンプの作動原理

$$\eta = \frac{H_{th}}{H} = \frac{H_{th}}{H_{th}+H_l} \simeq 1 - \frac{H_l}{H_{th}} \tag{6.18}$$

となる。

図 **6.7** (a) から次式が成立することがわかる。

$$W_1^2 = (U_1 - V_1 \cos \alpha_1)^2 + V_1^2 \sin^2 \alpha_1$$
$$= U_1^2 + V_1^2 - 2U_1 V_1 \cos \alpha_1$$
$$= U_1^2 + V_1^2 - 2U_1 V_{1u}$$

したがって

$$U_1 V_{1u} = \frac{1}{2}(U_1^2 + V_1^2 - W_1^2) \tag{6.19}$$

となり，同様に図 (b) から

$$U_2 V_{2u} = \frac{1}{2}(U_2^2 + V_2^2 - W_2^2) \tag{6.20}$$

となり，式 (6.19)，(6.20) を式 (6.17) に代入すると

$$H_{th} = \frac{1}{2g}(U_2^2 - U_1^2) + \frac{1}{2g}(V_2^2 - V_1^2) - \frac{1}{2g}(W_2^2 - W_1^2) \tag{6.21}$$

となる。圧力に変換すると

$$P_{th} \equiv \rho g H_{th} = \frac{1}{2}\rho(U_2^2 - U_1^2) + \frac{1}{2}\rho(V_2^2 - V_1^2) - \frac{1}{2}\rho(W_2^2 - W_1^2) \tag{6.22}$$

となり，オイラーヘッドの内容が解釈しやすくなる。すなわち，式 (6.22) の右辺第1項は羽根車の回転による遠心力を，第3項は羽根車内の動圧の変化を，第2項は静止座標系における動圧の変化を意味し，これらの合計により送風機は圧力を加えていると解釈できる。

羽根車を囲むケーシングは通常，図 **6.6** に示すようにカタツムリに似た形状とし，流速が均一になるように配慮されている。もしケーシング出口の面積を入口の面積に等しくすれば，式 (6.22) の右辺第2項は0になる。それを除外した H_{ths} は

$$H_{ths} = \frac{1}{2g}(U_2^2 - U_1^2) - \frac{1}{2g}(W_2^2 - W_1^2) \tag{6.23}$$

となり，これを理論静ヘッドという。理論静ヘッドとオイラーヘッドの比

$$\Lambda = \frac{H_{ths}}{H_{th}} \qquad (6.24)$$

を反動度という。H_{th} は羽根車による全圧上昇で，H_{ths} は羽根車内部での静圧上昇分であり，Λ が大きいほど出口での静圧が大きく，動圧が小さく，望ましい特性といえる。

6.4 軸流送風機・ポンプの作動原理[19]

図 6.8 に示すような軸流送風機が角速度 ω で回転しているものとする。回転の向きは図に示すように，上流から見て左回りとする。半径 r の円筒面 X-X を展開すると図 6.9 のような翼列となり，周速度 $U = \omega r$ で上向きに動いている。遠心送風機で考えたように速度三角形を考えると，翼列に対する相対速度 W と翼列の周速度 U の合ベクトルが絶対速度 V となる。図 6.9 ではそれを入口と出口で，それぞれ添字 1，2 で示してある。周速度 U は入口でも出口でも同じであるから添字はなしとする。流体を非圧縮と仮定すると連続式から，絶対速度 V の軸方向成分は入口と出口で変わらない。すなわち

$$V_{1a} = V_{2a} \qquad (6.25)$$

が成立する。入口の相対速度 W_1 と出口の相対速度 W_2 の平均値を W とすれば，図 6.10 に示すように翼素から流体に作用する抵抗は W と同じ向きにな

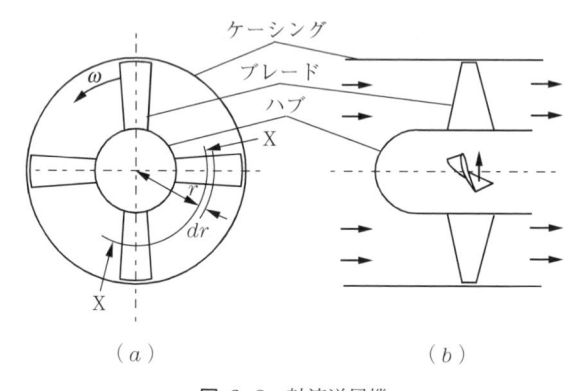

(a)　　　　　　　　　(b)

図 6.8　軸流送風機

6.4 軸流送風機・ポンプの作動原理

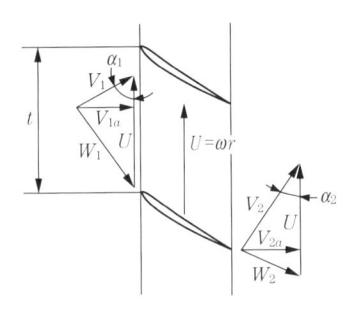

図 6.9 速度三角形 (View X-X)

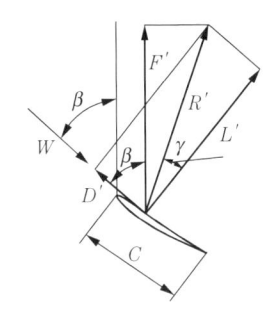

図 6.10 ブレードから流れに作用する力

り，揚力はそれに垂直である。いうまでもないが，ここでは翼から流体に作用する力を考えているので，流体から翼に作用する揚力，抵抗とは向きが逆である。W と周方向とのなす角を β とする。揚力と抵抗はつぎのように表される。

$$L' \equiv \frac{dL}{dr} = \frac{1}{2}\rho W^2 C_l C \tag{6.26}$$

$$D' \equiv \frac{dD}{dr} = \frac{1}{2}\rho W^2 C_d C \tag{6.27}$$

ここで L'，D' は単位半径長さ当りの揚力，抵抗，ρ は流体の密度，C_l は揚力係数，C_d は抵抗係数，C は翼弦長である。図 6.10 に示すように L'，D' の合力を R' とし，その周方向成分を F' とすると，1 枚の翼素を駆動するために必要なパワーは

$$F'Udr \tag{6.28}$$

である。一方，半径 r，幅 dr の円環部分の体積流量は

$$dQ = V_a z t dr \tag{6.29}$$

である。ここで z はブレードの枚数，t は図 6.9 に示すように翼列のピッチである。理論揚程（損失が 0 と仮定したときの揚程）を H_{th} とすれば羽根車前後の圧力差は $\rho g H_{th}$ だから，流体が得る動力は

$$\rho g H_{th} dQ = \rho g H_{th} V_a z t dr \tag{6.30}$$

である。損失を 0 と仮定しているので，式 (6.30) と式 (6.28) に z を乗じたものは等しくなり，次式が成立する。

6. 送風機, ポンプ

$$\rho g H_{th} V_a z t dr = z F' U dr$$

$$\therefore\ H_{th} = \frac{F' U}{\rho g V_a t} \tag{6.31}$$

図 **6.10** より

$$F' = R' \sin(\beta+\gamma) = L' \frac{\sin(\beta+\gamma)}{\cos \gamma} = \frac{1}{2} \rho W^2 C_l C \frac{\sin(\beta+\gamma)}{\cos \gamma}$$

が成立するから，これを式（6.31）に代入して次式を得る。

$$\therefore\ H_{th} = \frac{W^2 C_l C U}{2 g V_a t} \frac{\sin(\beta+\gamma)}{\cos \gamma} \tag{6.32}$$

以上は，翼素が流体に作用するパワーと，流体が得るパワーとを等置して導かれた式である。

一方，運動量を考察すると以下のようになる。半径 r，幅 dr の円環部分の体積流量は $V_a z t dr$ であり，周方向の絶対速度は羽根車の入口から出口へ V_{1u} $(= V_1 \cos \alpha_1)$ から V_{2u} $(= V_2 \cos \alpha_2)$ へ変化するので，運動量の変化は

$$\rho V_a (V_{2u} - V_{1u}) z t dr$$

である。これが羽根車から流体に作用している力に等しいので

$$F' z = \rho V_a (V_{2u} - V_{1u}) z t \tag{6.33}$$

となる。これを式（6.31）に代入すると次式を得る。

$$H_{th} = \frac{1}{g} U (V_{2u} - V_{1u}) \tag{6.34}$$

図 **6.9** の出口の速度三角形から次式が成立する。

$$W_2^2 = (U - V_2 \cos \alpha_2)^2 + V_2^2 \sin^2 \alpha_2$$
$$= U^2 + V_2^2 - 2 U V_{2u}$$

$$\therefore\ U V_{2u} = \frac{1}{2}(U^2 + V_2^2 - W_2^2) \tag{6.35}$$

入口でも同様に次式が成立する。

$$U V_{1u} = \frac{1}{2}(U^2 + V_1^2 - W_1^2) \tag{6.36}$$

これを式（6.34）に代入すると次式を得る。

6.4 軸流送風機・ポンプの作動原理

$$H_{th} = \frac{1}{2g}(V_2^2 - V_1^2) - \frac{1}{2g}(W_2^2 - W_1^2) \tag{6.37}$$

これが軸流送風機におけるオイラーの水頭である。遠心送風機の場合と比較すると，式（6.21）にあった $(U_2^2 - U_1^2)/2g$ が式（6.37）ではなくなっている。これは遠心送風機は遠心力を利用して圧力を稼ぐが，軸流送風機ではそれがないことを意味しており，高いヘッドを得るためには遠心送風機の方が有利であることがわかる。一方，軸流送風機は流れの方向の変化が少ないため，効率の面で有利となり，低圧力，大風量の場合に適している。

図 **6.10** の W は図 **6.9** の W_1 と W_2 の平均値であり，図 **6.9** において連続式より $V_{1a} = V_{2a}$ であるからこれを V_a とおくと

$$W = \frac{V_a}{\sin \beta}$$

である。これを式（6.32）に代入すると

$$H_{th} = \frac{V_a C_l C U}{2gt} \frac{\sin(\beta + \gamma)}{\sin^2 \beta \cos \gamma}$$

となり，これを式（6.34）と等置すると次式を得る。

$$\frac{C_l C}{t} = \frac{2 \sin^2 \beta \cos \gamma}{\sin(\beta + \gamma)} \frac{(V_{2u} - V_{1u})}{V_a} \tag{6.38}$$

以上が軸流送風機を設計する際の基礎式となる。この式で揚力係数は翼型のデータから設定し，揚抗比が最大になるような値を選ぶ。γ は図 **6.10** からわかるように翼型の揚抗比から決まる。

軸流送風機では風量が多くヘッド（圧力）が小さい状態において効率が高く，そのような条件で使うことが望ましい。そのような状態では絶対速度の周方向成分は比較的小さいので，速度三角形の形はおよそ図 **6.11** に示すような形になる。速度三角形の半径位置による違い，つまりハブ付近と翼端付近を比較すると，絶対速度の軸方向成分はあまり変わらず，羽根車の周速度はハブ付近より翼端付近の方が大きいので，速度三角形は図のようになる。ここで角度 β は気流の向きであるから，翼の角度（U の方向から測って）は $\beta + \alpha$ に設定する。ここで α は翼型の迎角であり，翼型単独の空力特性から，最も揚

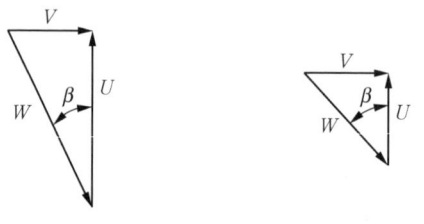

(a) r が大（翼端付近）　　（b）r が小（ハブ付近）

図 6.11　速度三角形の半径による変化

抗比が高くなるような迎角を設定することが望ましい．したがって羽根車の翼の角度は，ハブから翼端に向かって β の変化にならって減少していくように設計することが通常である．

6.5　流体機械の相似則

大型の流体機械を設計する場合に，性能を正確に予測するのは困難であるから，小型の相似模型を製作し，その特性を計測し，大型の機械の性能を予測する必要がある．そこで相似で大きさが違う二つの流体機械の間で流れが相似であるための条件を考える．まず関係するのはレイノルズ数とマッハ数である．

レイノルズ数に関しては 3 章で述べたように，臨界レイノルズ数を超えている場合にはレイノルズ依存性は小さいので，小さな補正を考えればよい．臨

コーヒーブレイク

周辺の条件によって送風機の設計は変わる！

自動車の冷却ファンや扇風機などはコンパクトで大風量が望まれ，しかも静粛性が求められるので，ブレードの翼弦長を大きくして，単位面積当りの空気力（翼面荷重）を小さくしている．したがって翼のアスペクト比（半径/翼弦長）が小さくなり，流れが 3 次元的となるので，前述の $\beta+\alpha$ は翼端に向かって減少するような設定がベストとは限らず，使用条件に応じて 3 次元シミュレーションなどを用いて形状を検討する必要がある．自動車の冷却ファンはそれ自体では軸流送風機のような形状だが，その近傍に物体が存在することもあり，斜流ファン，あるいは遠心ファンにも似た複雑な流れになっている．

界レイノルズ数を下回る場合には現象が複雑になるため，相似則は適用すべきではない。マッハ数に関しては二つの流体機械の間で一致させなければならないが，他の条件との兼合いが困難である。したがって以下では，臨界レイノルズ数以上において，またマッハ数が1より十分小さいと仮定した上で相似則を考える。

大きさの違う流体機械の流れがたがいに相似であるというのは，速度三角形が相似であることを意味する。その場合，絶対速度 V と羽根車の回転方向の速度 U の比が一定であるので次式が成り立つ。

$$\frac{V}{U} = \frac{V'}{U'} \tag{6.39}$$

ここで二つの流体機械の一方の文字に $'$ をつけた。ところで，V, U についてはつぎの比例関係が成り立つ。

$$V \propto \frac{Q}{D^2} \tag{6.40}$$

$$U \propto nD \tag{6.41}$$

ここで Q は流量，D は流体機械の大きさ，n は羽根車の回転速度である。これらを式 (6.39) に代入すると，次式のようになる。

$$\frac{Q}{nD^3} = \frac{Q'}{n'D'^3} \tag{6.42}$$

また，圧力 P については以下の比例関係がある。

$$P \propto \rho V^2$$

したがって水頭 H には以下の比例関係がある。

$$H \propto \frac{V^2}{g} \propto \frac{1}{g}\frac{Q^2}{D^4} \tag{6.43}$$

ここで右辺を導くのに式 (6.40) を使った。式 (6.43) から

$$\frac{gHD^4}{Q^2} = \frac{g'H'D'^4}{Q'^2} \tag{6.44}$$

が成立し，式 (6.42), (6.44) から D を消去すると次式が成立する。

$$n\frac{Q^{\frac{1}{2}}}{(gH)^{\frac{3}{4}}} = n'\frac{Q'^{\frac{1}{2}}}{(g'H')^{\frac{3}{4}}} \tag{6.45}$$

この値を n_s と書くことにすると

$$n_s = n\frac{Q^{\frac{1}{2}}}{(gH)^{\frac{3}{4}}} \tag{6.46}$$

となる。これを比速度(specific speed)という。これは無次元量であり,無次元化した速度と解釈することができる。JIS などでは g を省略した

$$n_{SQ} = n\frac{Q^{\frac{1}{2}}}{H^{\frac{3}{4}}} \tag{6.47}$$

を比速度という場合が多い。これは次元を持つので,数値を示す場合は必ず単位を表記する。広く使われている単位は

$$n:[\text{rpm}] \qquad Q:[\text{m}^3/\text{min}] \qquad H:[\text{m}] \tag{6.48}$$

である。

一つの流体機械では n, Q, H の組合せを任意に選ぶことはできない。どれか二つを決めれば,もう一つは決まってしまう。例えばヘッドと流量を決めれば,それを達成するための回転速度が決まる。

相似形でサイズの異なる二つの流体機械においては比速度が等しいとして,おたがいの性能の推定が可能となる。

比速度はまた流体機械の形式によっておよその値が決まる。大風量,低圧の特徴を持つ軸流ポンプでは n_{SQ} は大きな値となり,1 200 以上となる。逆に小風量,高圧の特徴を持つ遠心ポンプでは 100 程度,中間のタイプ(斜流ポンプ)ではその中間の値をとる。

6.6 管内の圧力損失

ポンプを選定する上で必要になる管路の摩擦損失について,ここにまとめておく。円管内の流れは低レイノルズ数(2 300 以下)では層流であり,流れ場と摩擦損失は解析的に解け,実験結果とよく一致する。しかし実際に遭遇する

問題では，ほとんどの場合レイノルズ数は 2 300 を超えていて，乱流であり，実験式を用いる。そこで，つぎに管摩擦係数についてまとめておく。

管摩擦係数はつぎのように定義される。

$$h_l = \frac{P_l}{\rho g} = \lambda \frac{l}{d} \frac{V^2}{2g} \tag{6.49}$$

ここで h_l は損失水頭，P_l は圧力損失，ρ は流体の密度，g は重力加速度，l は管の長さ，d は管の直径，V は管内の平均流速，そして λ は管摩擦係数である。これは**ダルシー・ワイスバッハの式**（Darcy-Weisbach's formula）と呼ばれている。

レイノルズ数が 2 300 以下では管内の流れは層流であり，管摩擦係数は次式で与えられる。

$$\lambda = \frac{64}{Re} \qquad (層流，Re < 2\,300) \tag{6.50}$$

$$Re = \frac{Vd}{\nu} \tag{6.51}$$

ここで Re はレイノルズ数，ν は流体の動粘性係数であり，水と空気の値を**表 6.1** に示す。レイノルズ数が増えて乱流になると，つぎの実験式が知られている。

$$\lambda = 0.316\,4 Re^{-\frac{1}{4}} \qquad (乱流\ Re = 3 \times 10^3 \sim 8 \times 10^4) \tag{6.52}$$

$$\lambda = 0.003\,2 + 0.221 Re^{-0.237} \qquad (乱流\ Re = 10^5 \sim 3 \times 10^6) \tag{6.53}$$

式（6.52）はブラジウスに，式（6.53）はニクラーゼ（Nikuradse）による

表 **6.1** 水と空気の密度，動粘性係数[20]

温度 [°C]	水（1 気圧）		乾燥空気（1 気圧）	
	密度 [kg/m³]	動粘性係数 [m²/s]	密度 [kg/m³]	動粘性係数 [m²/s]
−10			1.341 6	1.248×10⁻⁵
0	999.84	1.792 1×10⁻⁶	1.292 3	1.334×10⁻⁵
10	999.70	1.307 2×10⁻⁶	1.246 5	1.423×10⁻⁵
20	998.20	1.003 8×10⁻⁶	1.203 9	1.515×10⁻⁵
30	995.65	0.800 8×10⁻⁶	1.164 0	1.608×10⁻⁵
40	992.22	0.658 0×10⁻⁶	1.126 8	1.704×10⁻⁵

ものである。レイノルズ数が 3×10^6 を超える場合や，表面に凹凸がある場合にはムーディ線図[21]から読み取る。

演 習 問 題

【1】 台所に設置されている換気装置は換気扇とダクトで構成されていて，ダクトの損失係数は 0.2 である。ただし，損失係数は次式で定義される。

$$P_l = \frac{1}{2}\rho V^2 \zeta$$

ここで，P_l は圧力損失，ρ は空気密度，V はダクト断面内の平均流速，ζ は損失係数である。風量は $120\,\mathrm{m^3/min}$，ダクトの断面積は全体を通して一定で $0.2\,\mathrm{m^2}$，家の中の気圧は換気しているために外よりも 1 mm 水柱低い。換気扇が発生しなければならない圧力はいくらか。また，換気扇の発生するパワーはいくらか。また，モータと換気扇の効率を合わせて 0.4 とすると，消費電力はいくらか。

【2】 貯水槽の水面から 10 m 上のタンクまで，ポンプにより水を汲み上げる。流量は $12\,\mathrm{m^3/min}$，管の断面積は $0.1\,\mathrm{m^2}$ である。水の温度は 20℃，管の内面は滑らかな円筒形として管摩擦係数を考慮すると，ポンプに必要な水頭はいくらか。また，水動力はいくらか。モータも含めた効率を 0.4 とすると，必要な電力はいくらか。

【3】 図 6.7 において，絶対速度の半径方向成分 V_{1a} と V_{2a} の間にはどのような関係があるか。ただし，速度は全周にわたって均一であると仮定する。

【4】 遠心送風機においてロータの入口の半径を $R_1 = 0.1\,\mathrm{m}$，出口の半径を $R_2 = 0.2\,\mathrm{m}$ とする。回転速度は 1 000 rpm，流入部の絶対速度を $V_1 = 7\,\mathrm{m/s}$，流入角 $\alpha_1 = 45°$，流出角 $\alpha_2 = 10°$ とする。オイラーの理論水頭を求めよ。

【5】 軸流送風機においてハブの半径を $R_1 = 0.1\,\mathrm{m}$，ケーシングの内側の半径を $R_2 = 0.2\,\mathrm{m}$ とする。回転速度は 1 000 rpm である。半径 $r = 0.15\,\mathrm{m}$ では流入部の絶対速度は $V_1 = 7\,\mathrm{m/s}$ で周方向成分は 0 とする。すなわち $V_{1u} = 0$，$V_{1a} = 7\,\mathrm{m/s}$ である。出口での流出角 α_2 (図 6.9 参照) は 45° とする。オイラーの水頭を求めよ。

7

流体機械の騒音

　パソコン，エアコン，扇風機など身近な流体機械では，本来の機能や性能に次いで気になるのが騒音である。エアコンなどは年々静粛化技術が進歩して，静かさが主要なセールスポイントの一つになっている。また発電設備におけるタービンの騒音，新幹線の環境への騒音，空港でのジェット機の騒音，最近問題になっている風車の風切り音などは，その周辺への環境騒音となって大きな社会問題になっている。逆にその環境への影響がその設備の存否を左右したり，新幹線の最高速や空港の使用時間帯の制限につながっている。

　以上例示した騒音の大部分は流力騒音（fluid dynamic noise）あるいは空力騒音（aerodynamic noise）と呼ばれ，気流の乱れや物体との干渉によって発生するものである。これらの騒音に関する研究を空力音響学（aeroacoustics）という。物体の振動などによる騒音については，メカニズムの究明が進み，対策方法も確立されてきたが，流力騒音は発生メカニズムが不明であったり，完全になくすことが困難なものが多い。とはいえ，ジェットエンジンの騒音低減に本質的に寄与したライトヒルの論文[22]に端を発して，多くの研究者によって精力的に研究が進められた結果，かなり静粛化技術が進歩した。

　本章では音波の基本的な理論と，空力騒音の基本を解説する。

7.1 音波の理論

7.1.1 運動方程式

　音波（sound wave）とは流体や固体などの密度の時間的な変動が空間的に伝搬する現象である。音波が伝わる物資を媒質（medium）という。例えば航

空機まわりの流体の運動を考えるとき,その速度が音速に比べて十分小さければ(マッハ数が小さければ),圧縮性の影響は考えなくてもよい。ところが音波による圧力変化は,航空機まわりに形成される圧力分布に比べて数桁小さい。このような微小な圧力の変動(密度の変動)は低速でも生じる。例えば口笛を吹くときの息の流速は音速(約 340 m/s)よりはるかに小さいが,音は発生し,遠方へ伝わる。このように音波の運動は,圧力(密度)の変動が微小であることが特徴の一つである。もう一つの特徴は,音波は流体の圧縮膨張の運動であるから,流体の粘性は音波の発生,伝搬には直接的にはかかわらないことである。もちろん気流の乱れによって騒音が発生する場合は,乱れの発生に粘性が関与するが,乱れから音が発生するプロセスでは粘性は関与しない。むしろ発生した音が減衰することに粘性は関与する。

以上のことから,音波を解析するために,非粘性,渦なしを仮定し,また音波における圧縮膨張は熱の伝達に比べてはるかに速い現象なので,断熱変化とみなす。これらの仮定をすると,オイラー方程式からつぎの方程式が導かれる。

$$\mathrm{grad}\left(\frac{\partial \phi}{\partial t}+\frac{1}{2}q^2+P+\Omega\right)=0 \tag{7.1}$$

ここで,ϕ は速度ポテンシャル,q は速度の絶対値,Ω は外力のポテンシャル,P は

$$P=\int\frac{dp}{\rho}$$

で,p は圧力,ρ は密度である。

式(7.1)を音波に適用する。速度は微小なので( )内の第 2 項を省略し,空気を考えるので外力も省略すると,式(7.1)は次式のようになる。

$$\mathrm{grad}\left(\frac{\partial \phi}{\partial t}+P\right)=0$$

したがって,次式が成り立つ。

$$\rho\frac{\partial \boldsymbol{v}}{\partial t}=-\mathrm{grad}\,p \tag{7.2}$$

ここで速度は音波による速度で,**粒子速度**(particle velocity)と呼ばれる。

また次式のように，圧力は音圧による大気圧基準の変動成分であり，時間と空間の関数である．

$$p = p(t, x, y, z) \tag{7.3}$$

7.1.2 体積変化の記述

微小な直六面体の体積 ΔV があり，それが音波により x，y，z 方向に (dl, dm, dn) なる変位をして体積が $\Delta V'$ に変化したとすると

$$\begin{aligned}\Delta V' &= \left(1 + \frac{\partial l}{\partial x}\right)\left(1 + \frac{\partial m}{\partial y}\right)\left(1 + \frac{\partial n}{\partial z}\right)\Delta V \\ &\simeq \left(1 + \frac{\partial l}{\partial x} + \frac{\partial m}{\partial y} + \frac{\partial n}{\partial z}\right)\Delta V\end{aligned} \tag{7.4}$$

となる．したがって，体積変化の割合はつぎのようになる．

$$\delta = \frac{\Delta V' - \Delta V}{\Delta V} \simeq \frac{\partial l}{\partial x} + \frac{\partial m}{\partial y} + \frac{\partial n}{\partial z} \tag{7.5}$$

この δ を膨張度（dilatation）という．

変位する前後の密度をそれぞれ ρ_0，ρ とすると，質量保存則により

$$\rho_0 \Delta V = \rho \Delta V' \tag{7.6}$$

が成立し，これは式（7.5）を用いるとつぎのように書き換えられる．

$$\rho = \rho_0 \frac{\Delta V}{\Delta V'} = \rho_0 \frac{1}{1 + \delta} \simeq \rho_0 (1 - \delta) \tag{7.7}$$

音圧 p は大気圧基準の圧力の変動成分であるから

$$p = -K\delta \tag{7.8}$$

となる．ここでマイナス記号がついているのは，δ が正のとき（膨張するとき）圧力が低下するからである．逆に δ が負のとき（圧縮するとき），圧力は上昇する．比例定数 K を体積弾性率（bulk modulus of elasticity）という．K は厳密には定数ではなく，状態変化の条件によって変わるが，ここでは音波を考えており圧力や密度の変化が微小なので，定数と考えてよい．

7.1.3 波動方程式

式 (7.8) を時間で微分すると, つぎのようになる。

$$\frac{\partial p}{\partial t} = -K\frac{\partial \delta}{\partial t}$$

ここに式 (7.5) を代入すると

$$\frac{\partial p}{\partial t} = -K\frac{\partial}{\partial t}\left(\frac{\partial l}{\partial x} + \frac{\partial m}{\partial y} + \frac{\partial n}{\partial z}\right) = -K\left(\frac{\partial u}{\partial x} + \frac{\partial v}{\partial y} + \frac{\partial w}{\partial z}\right)$$

$$= -K \operatorname{div} \boldsymbol{v}$$

であり, これをさらに時間微分し, 式 (7.2) を用いると

$$\frac{\partial^2 p}{\partial t^2} = \frac{K}{\rho}\left(\frac{\partial^2 p}{\partial x^2} + \frac{\partial^2 p}{\partial y^2} + \frac{\partial^2 p}{\partial z^2}\right)$$

$$\therefore \quad \frac{\partial^2 p}{\partial t^2} - \frac{K}{\rho}\nabla^2 p = 0 \qquad (7.9)$$

となる。これを波動方程式 (wave equation) という。式 (7.8), (7.7) からわかるように, この波動方程式で, 圧力の代わりに膨張度や密度で置き換えても成立する。ここで

$$\nabla^2 = \frac{\partial^2}{\partial x^2} + \frac{\partial^2}{\partial y^2} + \frac{\partial^2}{\partial z^2}$$

はラプラシアンである。

7.1.4 平面音波

図 **7.1** に示すように, 平面状の音源から音が放射されており, その面が十分広い場合の音場を**平面音波** (plane sound wave) という。音源が小さい場

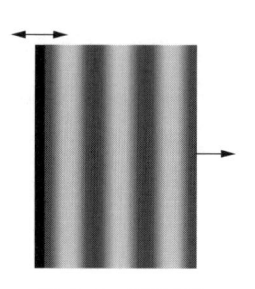

図 **7.1** 平面音波

合でも音源の大きさ程度の距離の近距離では平面波とみなされる。管の中を軸方向に伝わる音波も平面音波と考えてよい。この場合，式（7.9）はつぎのような簡単な形になる。

$$\frac{\partial^2 p}{\partial t^2} - \frac{K}{\rho}\frac{\partial^2 p}{\partial x^2} = 0 \tag{7.10}$$

この微分方程式の一般解は

$$p = f\left(t - \frac{x}{c}\right) + g\left(t + \frac{x}{c}\right) \tag{7.11}$$

となる。f と g は任意の関数であり，c は

$$c = \sqrt{\frac{K}{\rho}} \tag{7.12}$$

である。

式（7.11）から，x が大きくなっても（観測点が音源から遠く離れても），音圧は変わらないことがわかる。また式（7.11）から，つぎのことも読み取れる。ある点 x_0 で観測される音圧の時間波形は

$$p = f\left(t - \frac{x_0}{c}\right)$$

であり，同じ波形が時間 Δt 後に点 x に伝わるとすれば

$$f\left(t - \frac{x_0}{c}\right) = f\left(t + \Delta t - \frac{x}{c}\right)$$

となる。したがって，つぎのようになる。

$$t - \frac{x_0}{c} = t + \Delta t - \frac{x}{c}, \qquad \therefore \quad \Delta t = \frac{x - x_0}{c}$$

Δt を正とすれば，$x > x_0$，つまり音波は時間とともに正の方向に進行すること，また進行距離 $x - x_0$ は Δt に c を乗じたものであるから，c は音波の伝わる速度，つまり音速（sound velocity）であると解釈できる。式（7.11）の右辺第2項を同様に解釈すると，x 軸の負の向きに進む音波を表すことがわかる。

また式（7.11）から，音圧 p が $t - x/c$，あるいは $t + x/c$ により決まることがわかる。このことは時間的変化と空間的変化が同義であること，つまり空間のある場所にいて音波の時間変化を観測した場合と，時間を固定して空間の

音波の分布を観測した場合とでは，同じ波形が得られることがわかる。これが波動の重要な特徴である。

つぎに粒子の動きと音圧の関係について考える。音波が x 方向に進む場合，粒子の変位を

$$h = h\left(t - \frac{x}{c}\right) \tag{7.13}$$

とすれば，粒子速度はつぎのようになる。

$$u = \frac{\partial h}{\partial t} = \frac{dh}{d\left(t - \frac{x}{c}\right)} \frac{\partial \left(t - \frac{x}{c}\right)}{\partial t} = \frac{dh}{d\left(t - \frac{x}{c}\right)} \tag{7.14}$$

平面音波を考えているから膨張度は $\partial h/\partial t$ であるので，音圧は式 (7.8) より

$$p = -K\delta = -K\frac{\partial h}{\partial x} = -K\frac{dh}{d\left(t - \frac{x}{c}\right)} \frac{\partial \left(t - \frac{x}{c}\right)}{\partial x} = \frac{K}{c} \frac{dh}{d\left(t - \frac{x}{c}\right)} \tag{7.15}$$

となり，式 (7.14) と (7.15) を比べると

$$\frac{p}{u} = \frac{K}{c} = \rho c \tag{7.16}$$

となる。この式から音圧と粒子速度は比例することがわかる。また右辺は物性値であるから定数であるが，左辺の音圧と粒子速度は時間的に変動する。したがって音圧と粒子速度の比は時間的に変動しない。つまり同位相で変動することがわかる。ρc は音波の伝わる媒質の物性値であり，固有音響抵抗（specific acoustic resistance）という。

音波の周期が T のとき

$$\lambda = cT \tag{7.17}$$

を波長（wave length）といい，一つの波の長さを表す。また，波長の逆数を波数（wave number）といい，単位長さの中に存在する波の数を表す。

7.1.5 球面音波

図 7.2 に示すように音源が点とみなせて，周囲に一様に音波が放射されている場合に，波面は球の形状になり，これを**球面音波（球面波）**（spherical sound wave）という。有限の広さの平面状の振動板から音が放射されている場合，振動板の近傍では平面波とみなせるが，振動板から遠く離れた範囲を考えると球面波とみなすことができる。またスピーカや自動車の排気口のように，音源は一般に指向性を有するが，音が強く放射される方向の，ある立体角の範囲では球面波とみなすことができる。

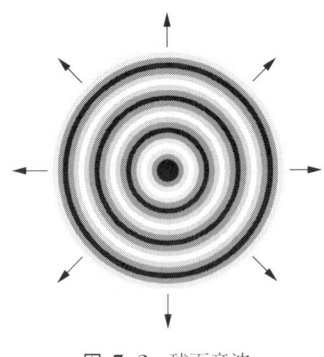

図 7.2 球面音波

音源を原点とし，観測点の位置を (x, y, z) とすると，音源と観測点の間の距離は

$$r = \sqrt{x^2 + y^2 + z^2} \tag{7.18}$$

である。球面波では，音圧や粒子速度などの変動量は t と r のみの関数である。このことに対応して波動方程式を書き換える。まず波動方程式（7.9）の左辺を計算すると

$$\frac{\partial p}{\partial x} = \frac{\partial p}{\partial r}\frac{\partial r}{\partial x} = \frac{1}{2}(x^2+y^2+z^2)^{\frac{1}{2}} 2x \frac{\partial p}{\partial r} = \frac{x}{r}\frac{\partial p}{\partial r}$$

$$\frac{\partial^2 p}{\partial x^2} = \frac{x}{r}\frac{\partial^2 p}{\partial x \partial r} + \frac{\partial\left(\frac{x}{r}\right)}{\partial x}\frac{\partial p}{\partial r} = \left(\frac{x}{r}\right)^2 \frac{\partial^2 p}{\partial r^2} + \frac{1}{r}\frac{\partial p}{\partial r} - \frac{x^2}{r^3}\frac{\partial p}{\partial r}$$

が成立し，y, z についての微分も同様なので，これらを式（7.9）に代入する

とつぎのようになる。

$$\frac{\partial^2 p}{\partial t^2} = \frac{K}{\rho}\Delta p = c^2\left(\frac{\partial^2 p}{\partial r^2} + \frac{2}{r}\frac{\partial p}{\partial r}\right) = c^2\frac{1}{r}\frac{\partial^2(rp)}{\partial r^2}$$

$$\therefore \quad \frac{\partial^2(rp)}{\partial t^2} = c^2\frac{1}{r}\frac{\partial^2(rp)}{\partial r^2} \tag{7.19}$$

これが球面波の波動方程式であり，解は次式で表される。

$$p = \frac{1}{r}f\left(t - \frac{r}{c}\right) + \frac{1}{r}g\left(t + \frac{r}{c}\right) \tag{7.20}$$

ここで f と g は任意の関数である。右辺第1項は音源から外に広がっていく音波を，第2項は音源に集まってくる音波であり，後者は現実にはほとんど存在しない。この式から，球面波では音圧が音源からの距離に逆比例して小さくなることがわかる。

7.1.6 正 弦 音 波

x 方向に進む平面波の波動方程式の解は

$$p = f\left(t - \frac{x}{c}\right)$$

であり，f は任意関数であった。この関数が正弦曲線である場合を正弦波 (sinusoidal wave) あるいは**サイン波**という。具体的な関数形は，つぎのようになる。

$$p = p_0 \sin\left(\omega t - \frac{\omega}{c}x + \phi_0\right) = p_0 \sin(\omega t - kx + \phi_0) \tag{7.21}$$

$$\therefore \quad k = \frac{\omega}{c} \tag{7.22}$$

ここで各変数は，以下のように呼ばれる。

- p_0 ：振幅 (amplitude)
- $\omega t - kx + \phi_0$ ：位相 (phase)
- ω ：角周波数 (angular frequency)
- $f = \dfrac{\omega}{2\pi}$ ：周波数 (frequency) または**振動数**
- $T = \dfrac{1}{f}$ ：周期 (period)

$$\lambda = cT = \frac{c}{f} \quad :\text{波長}（\text{wave length}）$$

$$k = \frac{\omega}{c} = \frac{2\pi}{\lambda} \quad :\text{位相定数}（\text{phase constant}）$$

球面波の場合の正弦波は

$$p = \frac{p_0}{r}\sin(\omega t - kx + \phi_0) \tag{7.23}$$

となり，振幅は距離に逆比例して小さくなる。

7.2 共　　　鳴

7.2.1 気　柱　共　鳴

図 **7.3** のように一方が閉じて，もう片方が開いている管を**閉管**（closed pipe）という。波長の1/4が管の長さに一致するような周波数の正弦波の音が，管の中に侵入する場合を考える。音は閉じた側で反射して，管内では進行波と反射波が重なり合って，結果的に図（ a ）に示すように管の閉じた側では音圧が大気圧を中心に正負の変化を繰り返し，開いた側では圧力は変動しない。図（ b ）に示すように粒子速度は管の閉じた側では0，開いた側では x 軸の正負の方向に往復運動する。このような状況は音波が進行していないように見えるため，**定在波**（standing wave）という。この管の長さに応じた特定の

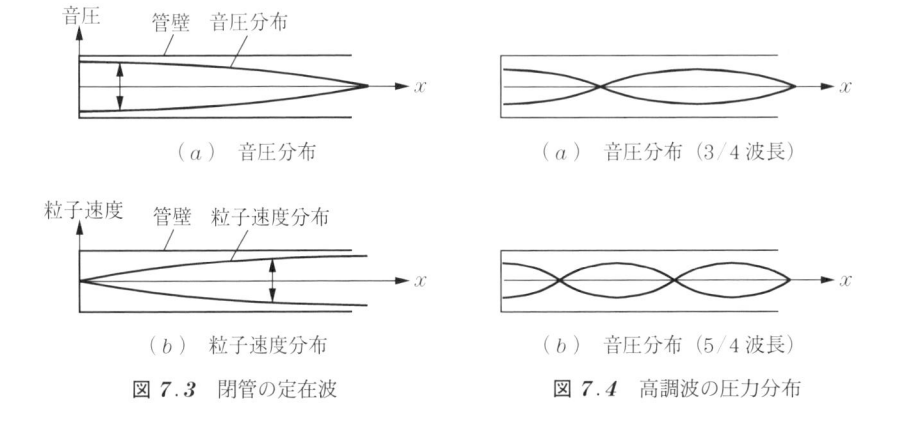

図 **7.3**　閉管の定在波

図 **7.4**　高調波の圧力分布

波長（周波数）の音は，エネルギーが外に流出しないため，音のエネルギーが注入されると増幅し，大きな音圧となる。これを**気柱共鳴**（air-column resonance）といい，この管の長さに応じた周波数を共鳴周波数（resonant frequency）という。実際は音波の波長は管の長さより若干長くなるので，**図7.3**の管の開いた側の音圧分布や粒子速度の分布は若干外に出ている。この外に出ている部分を考慮することを開口端補正といい，補正長さは管の直径より少し小さい程度の値であり，波長と管の太さ比などにより変化する。

図7.4（a）は閉管の中に3/4波長，図（b）は5/4波長の定在波が存在する場合である。音速は**7.1**節で述べたように周波数に依存しないから，これらの場合の共鳴周波数は**図7.3**の場合より高くなり，これを**高調波**（harmonics）という。**図7.3**の場合の共鳴周波数を1次の共鳴周波数といい，**図7.4**（a）の場合の周波数は1次の3倍，**図7.4**（b）の場合は5倍になり，それぞれ2次，3次の共鳴周波数という。ただし開口端補正があるため，3倍，5倍の数値は若干変化する。

図7.5のように両側が開いている管を**開管**（opened pipe）という。この場合の音圧分布は図（a）に示すように両側の開口部で0を保ち，中心部で正負の圧力変化を繰り返す。粒子速度は図（b）に示すように両側の開口部で最大となり，両開口部で同時に流入，流出のサイクルを繰り返し，中心部ではつねに粒子速度は0である。したがってこの開管の場合は，波長の1/2が管の長さ

コーヒーブレイク

楽器における共鳴現象

ピアノやアコースティックギターなどでは，弦の振動が共鳴箱の中に気柱共鳴を生じさせることによって大きな音になっている。エレキギターが電気なしでは非常に小さな音しか発生しないことから，共鳴箱の効果が実感できる。ピアノやアコースティックギターの共鳴箱は滑らかに凹凸した形状となっているために，方向の変化によって相対する壁の間隔が連続的に変化して，あらゆる周波数で共鳴する。フルートやリコーダでは，音源はエッジトーン（**7.4.1**項参照）という流れの振動現象であり，その流れに対して音の共鳴現象が影響している[13]。つまり流れと音がたがいに影響しているのである。

(a) 音圧分布   (a) 音圧分布

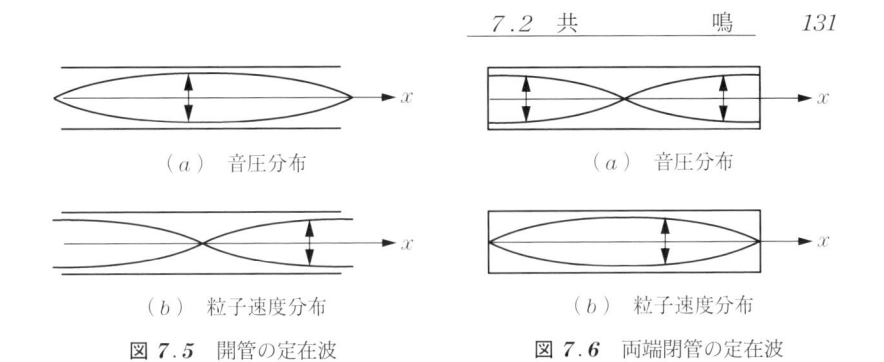

(b) 粒子速度分布   (b) 粒子速度分布

図 7.5 開管の定在波   図 7.6 両端閉管の定在波

に一致するような周波数の音が共鳴する。これが1次の共鳴周波数であり，2次，3次…の高調波の周波数は1次の2倍，3倍…になる。この場合も開口端補正により，倍数の値は若干変化する。

図 7.6 のように両側が閉じた管の場合は，音圧分布は図 (a) に示すように両端で最大になり，正負の圧力の変動を続け，圧力の正負が左右で逆となる。粒子速度は図 (b) に示すように，両端ではつねに0で，中心部で最大となる。また速度は正負に変化するため，流体粒子は右往左往する。この両端が閉じた管の共鳴現象は，ピアノやアコースティックギター，フルートなどの楽器の内部で生じている。この場合も管の長さは1次の共鳴音の波長の1/2となり，高調波の周波数は2倍，3倍…となる。

7.2.2 ヘルムホルツの空洞共鳴

ヘルムホルツの空洞共鳴器（Helmholtz's cavity resonator）とは，図 7.7 (a) に示すようなフラスコに似た，空洞と「首」を組み合わせたものがある場合に，「首」の開口部に圧力変動が作用すると，固有の周波数で共鳴する現象である。共鳴のメカニズムは，空洞内の空気がばね，「首」の空気が質量となる図 (b) と類似の振動である。共鳴周波数は次式となる[23),24)]。

$$f_h = \frac{c}{2\pi}\sqrt{\frac{A}{L'V}} \tag{7.24}$$

$$L' = L + 0.96\sqrt{A} \tag{7.25}$$

ここで c は音速，A は開口部の面積，V は空洞の体積，L は「首」の長さで

(a) 空洞と首　　　(b) バネーマスモデル

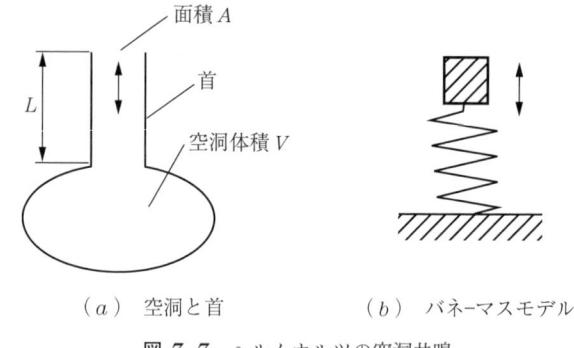

図 7.7　ヘルムホルツの空洞共鳴

ある。式（7.25）の右辺第 2 項は開口端補正であり，振動系における質量となる空気柱の長さは，空気の出入りがあるために「首」の物理的長さよりも少し長くなることを意味する。

7.3　音圧レベルと音の強さ

7.3.1　音圧レベル

一般に音圧の波形は正弦波ではなく，図 7.8 のような大小さまざまな波が合成されてできている場合が多い。一方，正弦波を純音（pure tone）と呼ぶことがある。一般的な図 7.8 のような波形において，音圧の平均的な値を表すため，つぎに定義される実効値（effective value）あるいは実効音圧（effective sound pressure）を用いる。

$$P_e = \sqrt{\frac{1}{T}\int_0^T p^2(t)\,dt} \qquad (7.26)$$

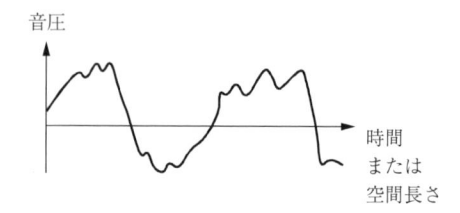

図 7.8　音の一般的な波形

この計算をルートミーンスクエア（root mean square）という。この実効音圧を用いて，つぎの音圧レベル（sound pressure level）を定義する。

$$L = 20 \log_{10} \frac{P_e}{P_0} \tag{7.27}$$

$$\therefore \quad P_0 = 2 \times 10^{-5} \, \text{Pa} \tag{7.28}$$

音圧は微小なものから大きなものまで変化の幅が広いため，このような対数で表す。対数で表した物理量の単位を一般に dB（デシベル）という。式（7.28）の値は，健康な人が聞くことができる最小の音圧である。

7.3.2 音のエネルギー

音場のある点の体積 δV を考え，そこでの音による粒子速度を u とすると，その部分の運動エネルギーは

$$\frac{1}{2} \rho \delta V u^2 \tag{7.29}$$

である。ここで ρ は流体の密度である。つぎに，音圧により流体が圧縮されることによるエネルギーを考える。圧力 p で体積 δV の流体に，圧力変化により体積変化 dV が生じたとすると，その圧力がした仕事は

$$dW = -p dV$$

であり，体積弾性率 K の定義式

$$dp = -K \frac{dV}{\delta V}$$

を用いると

$$dW = \frac{\delta V}{K} p dp$$

となる。音圧により変形するエネルギーを考えるから積分範囲は 0 から p までであり，積分は以下のようになる。

$$W = \frac{\delta V}{K} \int_0^p p dp = \frac{\delta V}{2K} p^2 = \frac{1}{2} \frac{p^2}{\rho c^2} \delta V \tag{7.30}$$

体積 δV の流体が持つエネルギーは運動エネルギーと変形エネルギーの和であるから，式（7.29）と式（7.30）の和をとって

$$\frac{1}{2}\rho\left(u^2+\frac{p^2}{\rho^2 c^2}\right)\delta V \tag{7.31}$$

となる。平面音波の場合は式（7.16）を式（7.29）に代入してつぎのようになる。

$$\rho u^2 \delta V \tag{7.32}$$

7.3.3 音 の 強 さ

音が伝搬する状況は，音のエネルギーが音速で流れていくとみなすことができる。単位面積を通して単位時間に流れる音のエネルギーを，その点の音の強さ（sound intensity）という。単位は W/m^2 である。観測点の粒子速度を u，音圧を p とすると，音の強さの時間平均値は

$$I=\frac{1}{T}\int_0^T pu\,dt \tag{7.33}$$

であり，x 方向に進む平面音波の場合，式（7.16）から $p=\rho c u$ であるから

$$I=\frac{1}{\rho c}\frac{1}{T}\int_0^T p^2 dt = \frac{P_e^2}{\rho c} \tag{7.34}$$

となる。音の強さのレベル（sound intensity level）を次式で定義する。

$$L_I = 10\log_{10}\frac{I}{I_0} \tag{7.35}$$

$$\therefore\quad I_0 = 10^{-12}\,W/m^2 \tag{7.36}$$

ここで I_0 は基準の音の強さである。空気の音響抵抗は

$$\rho c = 429\,N\cdot s/m^2$$

であり，音圧レベルを定義したときの基準音圧は $2\times 10^{-5}\,Pa$ だったので

$$\frac{P_0^2}{\rho c} = \frac{(2\times 10^{-5})^2}{429} \simeq 10^{-12} = I_0$$

となり，基準音圧は基準の音の強さに対応する。したがって平面音波では，音圧レベルと音の強さのレベルはほぼ同じ数値になる。球面音波でも近似的に同様の結果となる。

たがいに相関のない二つの音の重ね合わせを考える場合，音の強さの形にするとエネルギーになるため，足し算が成立する。音圧では足し算は成立しない。

7.4 空力騒音

7.4.1 空力騒音の種類と発生メカニズム

空力騒音(くうりき)（aerodynamic noise）は空気の流れが原因で発生する騒音であるが，さまざまなメカニズムがあり，その多くが楽器の発音機構として使われている。楽器の場合は心地よい音であるが，その他の場合は耳障りな騒音となる。**表 7.1** に分類とメカニズムの概要を示す。

表 7.1 空力騒音の分類とメカニズムの概要[25),26)]

種類 (楽器の例)	音の発生原理	種類 (楽器の例)	音の発生原理
エッジトーン (フルート，リコーダ)	フィードバック／音が発生／ジェットが周期的に波打つ／エッジ表面の圧力が周期的に変動	エオリアントーン (エオリアンハープ)	音が発生←圧力変動←渦が周期的に発生／カルマン渦列
キャビティトーン	フィードバック／音が発生／渦が周期的に発生／渦が周期的に衝突	フラッタ (ハーモニカ)	空気力と板の弾性変形が連成して振動が持続／音が発生
		パネル振動	空気力変動によりパネルが振動／音が発生
ホールトーン (口笛，笛吹きケトル)	フィードバック／音が発生／ジェットが変動／渦が周期的に発生	乱流騒音	気流の乱れ（渦）／音が発生／物体表面の圧力変動

〔1〕 **エッジトーン**　ジェットがエッジに当たる場合に，ジェットがエッジ付近を上向きに流れるとき，ジェットはエッジによって流れを下向きに誘導され，下向きへと変わる。するとまた，ジェットはエッジによって上向きに誘

導される。このようにして周期的に流れの向きが変化し，その周波数の圧力変動がエッジ表面に生じて音になる。これを**エッジトーン**（edge tone）という。このメカニズムはフルートやリコーダに使われている。流体機械においてはすき間風が吹き出すところに物体がある場合に生じるので，対策はすき間をなくすか，ジェットの部分の物体を除去することである。

〔**2**〕 **キャビティトーン**[23),27)]　　キャビティトーン（cavity tone）は，物体表面にキャビティ（空洞）が存在している場合に，その上を気流が流れるときに発生する。キャビティの上流側のエッジで気流がはく離し，渦度を持つせん断層が発達しながら移流し，キャビティの下流側エッジに衝突すると，その圧力変動や速度変動が上流側のエッジにフィードバックされる結果，渦が間欠的，周期的に発生し，その周波数の圧力変動が生じて音になる。この渦の移流速度を U_c とし，キャビティ開口部の流れ方向の長さを L とすると，渦の衝突する周波数（音の周波数）は

$$f = \frac{U_c}{L}$$

であり，U_c は主流速度 U の約 0.6 倍であるため[23)]

$$f = \frac{0.6U}{L} \tag{7.37}$$

となる。もちろんこの整数倍の周波数の音も発生する。実際に音が発生した場合に，それがキャビティトーンか否かを判定するのに，式（7.37）が使える。ただし，後に述べる気柱共鳴や空洞共鳴が連成すると，この周波数から多少ずれることはある[24)]。

この音は，乗用車のサンルーフやドアガラスを開けて走行する場合に発生することがある。また，ドアまわりの数 mm 幅の溝でも発生する。サンルーフではキャビティの上流側のエッジ付近に流れを外側に誘導する板（ディフレクタ）を設置して，渦が下流側エッジに衝突しないようにする対策がとられている。ドア周囲の対策としてキャビティをウェザストリップ（シール用のスポンジゴム）で埋めることが有効である。また，リヤゲートまわりのすき間でもキ

ャビティトーンが発生することがあり，対策としてはウェザストリップで埋めることのほかに，上流側の面を下流側の面よりも数 mm 外側に張り出すことも有効である．

　航空機ではランディングギヤを出したとき，それを格納していたスペースがキャビティとなり，キャビティトーンが発生する．ランディングギヤを出しているのは離着陸のときであるから，周辺地域への環境騒音として問題になっている．対策としては開口部の上流側のエッジをギザギザな形状とすることなどが有効である．

　建物のドアの下面にキャビティが存在し，ドアと床面との間にすき間がある場合に，そこを風が通ってキャビティトーンが発生することがある．対策としてはドアの下面を，キャビティを形成しないような形状とすることである．

〔3〕**ホールトーン**　　ホールトーン（hole tone）は，軸対称なジェットの流出するところに，同程度の直径の丸穴をもった板がある場合に発生する．これはキャビティトーンを軸対称流れに変換したような現象である．このメカニズムは笛吹きケトルに用いられている．また，口笛の発音メカニズムでもある．流体機械では，壁面の内外に圧力差があり，その壁に小穴が存在する場合に発生する．つまり穴の内外の縁が鋭いエッジになっている場合に，上流側のエッジで気流がはく離し，下流側のエッジに衝突して，強い狭帯域の音が発生する．対策は，穴をふさぐか，または上流側のエッジを丸くして気流のはく離をなくすことである．

〔4〕**エオリアントーン**　　円柱などに流れが当たるとき，**カルマン渦列**（Karman's vortex street）が発生する．カルマン渦列は周期的に物体から離脱するので，その周波数の音が発生する．これを**エオリアントーン**（aeolian tone）という．このメカニズムは中世ヨーロッパで楽しまれた楽器であるエオリアンハープに見られる．エオリアントーンは円柱でなくても，三角形や四角形，あるいは翼型でも発生する．流体機械では送風機のブレードで発生することがあるので，製品開発においては重要なチェック項目となっている．身近なところでは電線に風が当たってヒューという音が聞こえる．自動車ではルーフ

キャリアから発生する。ルーフキャリアにおいては，断面形状を適切に選ぶと流れが不安定になってエオリアントーンが発生しない場合がある[28]。円柱の場合，直径をd，一様流の速度をU，カルマン渦の周波数をfとすると，**ストローハル数**（Strouhal number）

$$St = \frac{fd}{U} \tag{7.38}$$

が，レイノルズ数10^3以上で，ほぼ0.21の一定値をとることが知られている。このことを利用して，問題の音がエオリアントーンか否かの判定に使われることが多い。式（7.38）より，周波数が物体の直径に依存することから，対策として直径をスパン方向に変化させることも行われている。その例としては，乗用車の棒状のラジオアンテナにらせん状に針金を巻いて樹脂で固めたものがある。

〔5〕 **フラッタ**　　空気力により板が曲がり，振動となる場合をフラッタ（flutter）といい，音の原因になる。これは流れによる力と物体の変形が連成する現象であり，音はおもに振動する板がスピーカとなって発生する。このメカニズムはハーモニカに使われている。自動車ではドアまわりのウェザストリップ（シール用のスポンジゴム）の一部が気流によってフラッタを起こすことがある。対策は，ウェザストリップの剛性を向上することや，気流が衝突しないように周辺の形状を工夫することである。

コーヒーブレイク

新幹線の空力騒音

　新幹線が高速で走行する場合に，周辺に放射される騒音の支配的要因は，空力騒音である。住宅街の近くでは騒音規制が新幹線の最高速を制限している。新幹線の空力騒音の要因には車両と車両の継ぎ目のキャビティや，パンタグラフで発生するエオリアントーンがある。キャビティはゴムなどでふさぐ対策がとられており，パンタグラフの前後に風よけ（パンタカバー）を取り付けたり，支柱の側面にギザギザの突起をつけて規則的なカルマン渦の発生を抑制している。あるいは，最近の車両ではパンタグラフの数自体が減っている。新幹線に乗るときにこれらのものを見ると，エンジニアの苦労が想像できる。

〔6〕 **パネル振動音**[29]　曲げ剛性が低い板の表面に乱れた気流が存在する場合に，パネルが振動して，それがスピーカとなって音が発生する．これがパネル振動音（panel vibration）である．この音は気流そのものから発生する音とは別に存在する．乗用車では床下のフロアパネルで発生することがある．対策としては，曲げ剛性を向上しただけでは固有振動数の音が発生するので，制振材が必要である．あるいは制振材を用いないで，フロアパネルに凹凸を適切に配置して，固有振動数を場所により異なるように設定することにより，音の周波数を分散して耳障りにならない音にする手法もある．

〔7〕 **乱流騒音**　乱流騒音（noise from turbulent flow）は気流の乱れそのものから発生する音で，エッジトーンなどのように固有の周波数を持っておらず，広帯域の音である．典型的な乱流騒音は航空機のジェットエンジンの音，旅客機の機内で聞こえる境界層騒音，乗用車に乗って高速で走るときに聞こえる風切り音などである．送風機のブレードからエオリアントーンが発生することを前述したが，乱流騒音も発生するのでエオリアントーンが対策された後には乱流騒音が残る．前述した〔1〕〜〔6〕の音は異常な音として気づきやすく，メカニズムもほぼわかっているので対策も比較的容易である．一方，乱流騒音は，発生場所の特定が困難な場合や，広い領域であり対策が困難な場合が多い．例えば航空機の境界層騒音は乱流境界層が原因であるが，乱流の制御は現状の技術では困難である．また，胴体の壁の遮音性能を向上しようとすれば質量増加は避けられない．つまり薄い板材の遮音性能は質量則によく一致し，構造を工夫しても質量則を超えることが困難である．

　自動車が高速（おおむね 120 km/h 以上）で走行する場合の風切り音は，車体まわりの気流のはく離による乱れが主原因である．自動車はその機能やパッケージングの都合から，外形を完全に流線型にすることは困難である．最近の高級車では床下を滑らかなカバーで覆い，気流の乱れを防止するとともに，遮音性能を向上している．さらにドアガラスを2重にすることや，ルーフパネルと内装材の間に吸音材を装着するなどの対策が施されている．

〔8〕 **共鳴現象との連成**　以上7種類の空力騒音の発生メカニズムを見て

きたが，これらは **7.2** 節で説明した共鳴現象との連成（couple with resonance）により，大きな音となることがある。例えば乗用車のサンルーフでのウィンドスロッブは，キャビティトーンとヘルムホルツの空洞共鳴が連成したものである[24]。逆に，音源と共鳴器の固有振動数を遠ざけることが低減対策となり得る。

7.4.2 空力騒音の理論

〔**1**〕**偽音**（ぎおん） 理論を見る前に，流れの持つ乱れのエネルギーと，空力音のエネルギーの大きさを比較してみよう。**図 7.9** のように立上り段差の上を気流が流れ，段差のところではく離流れを形成する場合，乱れ度（速度変動のrms値/主流速度）は最大

$$\left(\frac{u'}{U}\right)_{max} \simeq 0.3 \qquad (7.39)$$

である[30]。ここで，u' は速度変動のrms値，U は主流速度で，例えば

$$U = 40 \text{ m/s}$$

とする。主流速度による動圧は

$$P_d = \frac{1}{2}\rho U^2 \simeq 1\,000 \text{ Pa}$$

である。主流速度に対して u' だけ増減した場合，動圧の最大値と最小値はおよそ

$$(P_d)_{max} = \frac{1}{2}\rho(1.3U)^2 \simeq 1\,700 \text{ Pa}$$

$$(P_d)_{min} = \frac{1}{2}\rho(0.7U)^2 \simeq 500 \text{ Pa}$$

となり，平均値に対しておよそつぎの値程度変動する。

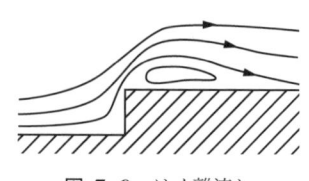

図 7.9 はく離流れ

$$\pm 600 \, \text{Pa} \tag{7.40}$$

全圧はほぼ一定だから，この動圧の変動幅で静圧も変動していることになる。

一方，そこから発生する音は70 dB 程度である[30]から，音圧を計算すると

$$P_{sound} \simeq 0.1 \, \text{Pa} \tag{7.41}$$

である。式（7.40）と式（7.41）を比較すると，音源の中の圧力変動のうち音波として伝搬するのは1/6 000 程度であることがわかる。式（7.34）から音のエネルギーは音圧の2乗に比例するから，音源の流れのエネルギーの$1/10^7$ 程度しか音として伝搬しないことがわかる。例えば自転車に乗って風に向かって走るとき，自分の耳には「ざわざわ」という音が聞こえる。これは式（7.40）を聞いているので，大きな音として聞こえるが，少し離れた人に伝達するのは式（7.41）であり，ほとんど聞こえない。式（7.40）を**偽音**[31]（pseudo sound，シュードサウンド）という。

この例は乱流騒音であるが，エオリアントーンなど純音の場合はもっと音への「変換効率」は高まるであろう。共鳴器を使えばさらに効率が高まることは，楽器が示唆している。

〔**2**〕**ライトヒルの理論**[22]　　イギリスのライトヒル（M. J. Lighthill）は1950年ごろ，ジェット機のエンジンの騒音が大きな社会問題となっていたことから，空力音について理論を展開し，つぎのライトヒル方程式を導いた。

$$\frac{\partial^2 \rho}{\partial t^2} - c^2 \frac{\partial^2 \rho}{\partial x_i^2} = \frac{\partial^2 T_{ij}}{\partial x_i \partial x_j} \tag{7.42}$$

ここで

$$T_{ij} = \rho u_i u_j + p_{ij} - c^2(\rho - \rho_0)\delta_{ij} \tag{7.43}$$

$$p_{ij} = p\delta_{ij} + \mu \left\{ -\frac{\partial u_i}{\partial x_j} - \frac{\partial u_j}{\partial x_i} + \frac{2}{3}\left(\frac{\partial u_k}{\partial x_k}\right)\delta_{ij} \right\} \tag{7.44}$$

である。ここで ρ は空気密度で，時空間的に変動する。ρ_0 は時空間で平均した空気密度，t は時間，x_i, x_j は位置ベクトルの i, j 方向成分，u_i, u_j は流速の i, j 方向成分，δ_{ij} はクロネッカーのデルタ関数，p は圧力である。ライトヒル方程式（7.42）の左辺は波動方程式（7.9）と同じである（式（7.9）

の K/ρ は式（7.12）により c^2 に置き換えられる。また式（7.9）では圧力が変数だったが，式（7.42）のように密度に置き換えても正しい）。ライトヒルは，ナビエ・ストークス方程式と連続式を基にして，左辺が波動方程式になるように変形して式（7.42）を得た。したがって式（7.42）の左辺は音の伝搬を表し，右辺は音源を意味する。音源と観測点との距離が，問題とする音の波長に対して十分遠く（これを**遠距離場**という），またその距離に比べて音源の大きさが十分小さいこと（これを**コンパクト音源**（compact source）という）を仮定すると，この方程式の解はつぎのようになる。

$$\rho(\boldsymbol{x},t)-\rho_0 = \frac{1}{4\pi c^4}\frac{x_i x_j}{r^3}\iiint_{V_0}\frac{\partial^2 T_{ij}}{\partial t^2}dV(\boldsymbol{y}) \qquad (7.45)$$

ここで $\rho(\boldsymbol{x},t)$ は観測点での空気密度で，$\boldsymbol{x}$ は観測点の位置ベクトル，時間 t により変動する。r は観測点と音源との距離，V_0 は音源の存在する領域，$\boldsymbol{y}$ は音源の位置ベクトルである。式（7.45）の被積分関数は時間微分であるから，定常流の場合は 0 になり音は発生しない，したがって，音源になり得るのは非定常な流れ場に限られる。また注意すべきは，この式の計算においては，音源 $\partial^2 T_{ij}/\partial t^2$ の音源領域全体で同時刻に分布する値を同定し，それを積分することである。もし空間的に分布する多数の音源がたがいにランダムな位相を持っているとすれば，音源同士がたがいに相殺して，積分すると 0 になってしまう。したがって流れ場から音が発生するためには，理論上は完全にランダムな流れ場ではなく，何らかの構造を持っている必要があり，例えばカルマン渦のような構造を持った流れでは，流れのエネルギーが効率的に音に変換される。

式（7.45）で解の式は導けたが，T_{ij} を十分な時間空間分解能をもって計測することや，数値計算することは，特殊な場合を除きほとんど不可能である。そこでこの解の性質を次元解析してみる。式（7.45）の中の各項のオーダを見積もるとつぎのようになる。

$$\frac{x_i x_j}{r^3} \sim \frac{1}{x}$$

音源の大きさを L とすると，つぎのようになる。

$$\frac{\partial^2}{\partial t^2} \sim \left(\frac{U}{L}\right)^2, \qquad T_{ij} \sim \rho U^2, \qquad \iiint_{V_0} dV(\boldsymbol{y}) \sim L^3$$

したがって，次の関係が成り立つ．

$$\{\rho(\boldsymbol{x},t) - \rho_0\} \sim \rho_0 \left(\frac{U}{c}\right)^4 \frac{L}{x} \tag{7.46}$$

式（7.9）のところで述べたように，波動方程式に入れる関数は音圧でも密度でも成立するので，式（7.46）は音圧でも成立する．式（7.46）の音のエネルギー流束密度 I は，式（7.34）から音圧の2乗に比例するから

$$I \propto \left(\frac{U}{c}\right)^8 \left(\frac{L}{x}\right)^2 \tag{7.47}$$

となり，マッハ数の8乗に比例する．ここまでの解析では流れと物体との干渉は考慮していない．ジェットエンジンなどのように噴流での主音源は噴出口から直径の数倍下流の気流の中から発生することが確かめられており[31]，流れと物体との干渉はこの場合の音の発生にほとんど関係していない．

このことから，式（7.47）は，噴流の中の乱れから発生する音はマッハ数が低い場合は小さく，マッハ数が大きくなると，非常に大きくなると解釈できる．それに対比して乱れそのものを考えると，速度変動は主流速度 U に比例するので，圧力変動は U^2，したがってそのエネルギーは U^4 に比例する．これと比べるとジェット騒音がいかにマッハ数依存性が大きいかがわかる．このことからジェットエンジンの騒音を減らすには速度を下げることが有効であり，推力を減らさずに音を低減するにはエンジンの直径を大きくして噴出速度を減らす，という指針ができた．このことがこの理論の最大の成果であった．

〔**3**〕 **カールの理論**[32]　　カール（N. Curle）はライトヒル方程式を，流れの中に物体が存在する場合について解析し，遠距離場（音源と観測点との間の距離が，波長および物体の大きさに比べて十分に大きい）を仮定して，つぎのような解を得た．

$$\rho(\boldsymbol{x},t) - \rho_0 = \frac{1}{4\pi c^4} \frac{x_i x_j}{r^3} \iiint_{V_0} \frac{\partial^2 T_{ij}}{\partial t^2} dV(\boldsymbol{y}) - \frac{1}{4\pi c^3} \frac{x_i}{r^2} \frac{\partial}{\partial t} \iint_S P_i dS(\boldsymbol{y})$$

$$\tag{7.48}$$

右辺第1項はライトヒルの解と同じもので，気流の中の音源を表す。右辺第2項は物体による音源を表し，P_iは物体表面の応力（圧力とせん断応力）であり，積分は物体表面で実行する。物体表面の音源も，流体中の音源と同様に，計測したり計算することは非常な困難を伴う。つまり物体表面の音源を知るためには，問題とする音の周波数に応じた時間分解能で，それぞれの時刻での物体表面全体の応力分布を同時計測しなければならない。これは，物体表面のある場所に圧力センサを埋め込んで時間変化を測定するだけでは，音源は評価できないことを意味する。また応力の変動の位相が，時間空間的に完全にランダムな場合は，乱れのエネルギーは大部分相殺されて，遠方に伝わらない。

ただし，エオルス音のように物体から周期的に渦が放出され，その周波数の音を問題にする場合には，式（7.48）を適用することは可能である。この場合応力の時間変動は，物体表面の場所が変わっても関連のある波形を持っている。つまり流れが構造を持っている。しかも周期性を持っているので，物体表面の各部位の圧力変動をコンディショナルサンプリングによって同位相で計測することが可能であり，式（7.48）で音源を評価することは可能である。

ライトヒルの理論と同様に，物体表面の音源も次元解析してみると

$$I \propto \frac{U^6}{c^3} \frac{L^2}{x^2} \qquad (7.49)$$

となり，流体中の音源の強さ（式（7.47））が速度の8乗，マッハ数の8乗だったのに対して，この物体表面の音源は速度の6乗，マッハ数の3乗に比例するので，低速において流体中の音源よりも卓越する。実際，自動車で発生する空力騒音の強さは速度のほぼ6乗に比例する[33]。

〔**4**〕 **パウエル・ハウの理論**[34],[35]　カールの理論によれば，物体表面の圧力変動が音源となるが，パウエル（A. Powell）は真の音源は渦の時間的，空間的変動であって，物体表面の圧力変動のみではないと考えた。ライトヒルやカールと同様にパウエルもナビエ・ストークス方程式と連続式から，つぎのような解を示した。

7.4 空力騒音

$$P=\frac{1}{4\pi}\frac{\partial}{\partial x_i}\iiint_{V_0}\{\rho(\boldsymbol{\omega}\times\boldsymbol{u})_i\}\frac{dV(\boldsymbol{y})}{r}+\frac{1}{4\pi}\frac{\partial}{\partial x_n}\iint_S\left(p+\frac{1}{2}\rho u^2\right)\frac{dS(\boldsymbol{y})}{r}$$

(7.50)

ここでは低マッハ数において寄与度の低い項は省略した。左辺の P は観測点での音圧で，右辺の $\boldsymbol{\omega}$ は渦度ベクトル，$\boldsymbol{u}$ は速度ベクトル，p は物体表面の圧力である。右辺第2項の中の p はカールの理論と同じもので，右辺第1項がパウエルの渦音源である。その音源項に含まれている空間微分は，音源領域における $\rho(\boldsymbol{\omega}\times\boldsymbol{u})_i$ の空間的および時間的な変動と等価である。つまり渦の空間的，時間的な変動が音源であることを意味する。$\rho(\boldsymbol{\omega}\times\boldsymbol{u})_i$ の音源領域全体の同時計測をすることは一般的に困難である。また次元解析すると，これも速度の6乗に比例することがわかる。

低マッハ数で，音源となる渦が物体の近傍にある場合にはパウエルの渦音源は，カールの物体表面の圧力変動による音源と等価であることを，ブレイク (W. K. Blake) が示した[36]。しかし渦と物体が離れている場合には，物体表面の圧力変動は音源ではなさそうである[30]。

〔5〕 **空力音の分類** 空力音の音源として最も単純なものは，自動車の排気口から気体が時間変動をもって排出されるもの，一般的には湧出し，吸込み

コーヒーブレイク

空力騒音の音源

このように空力騒音の理論は複数あり，それぞれ音源が異なっている。同じナビエ・ストークスの方程式を基にして，違う答えが導かれたようなものである。それぞれの理論での音源の式の値を実験的に求めるのは，いずれも至難である。というのは，渦度の計測が難しいだけでなく，圧力や速度にしても全音源領域を高空間分解能で同時計測し，それを注目する周波数の数倍の周波数でサンプリングしなければならないからである。したがって乱流騒音などは，実験的にも数値計算にしても，ほとんど音源の直接確認はできていない。音源が確認できている数少ない例は，カルマン渦によるエオリアントーンである。しかし実際の流体機械ではカルマン渦については，防止対策がわかっているので，実用的には音源の研究はあまり意味がない。乱流騒音のような，対策方法が不明な現象に対してこそ，音源の研究が望まれる。

による音源で，これを**単極子音源**（monopole source）という．それに対して流れと物体との干渉によって発生する音を**双極子音源**（dipole source），流れの中から発生する音を**四重極子音源**（quadrupole source）という．双極子音源はカールの理論における物体表面の圧力変動，あるいはパウエル・ハウの理論の渦音源の項が対応し，四重極子音源はライトヒル理論におけるライトヒルの応力テンソルが対応する．それぞれの音源は流速依存性に特徴があり，それぞれの理論で次元解析したように四重極子音源の強さは流速の8乗に，双極子音源は6乗に，単極子音源の強さは流速の4乗に比例する．キャビティトーンやエオリアントーンなどは流れと物体との干渉によって発生するので双極子音源に分類されるが，音の強さは実際には流速の6乗に比例するとは限らず，さまざまな要因に影響される．またパウエル・ハウの理論の渦音源の項は，物体との干渉から導かれたものではないが，次元解析すると流速の6乗に比例する．

演 習 問 題

【1】 式（7.11）が式（7.10）の一般解であることを証明せよ．

【2】 あるスピーカは1m離れた観測点で音の強さのレベルが50dBであった．同じスピーカをもう一つ追加した場合，何dBになるか．ただし，二つのスピーカの観測点までの距離は同じで，二つとも観測点に向けてある．

【3】 二つのスピーカAとBがあり，Aのみを作動させた場合，観測点での音の強さのレベルは50dBであった．Bのみを作動させた場合は55dBであった．AとBを両方作動させた場合は何dBになるか．

【4】 乗用車の車室内の体積が$4.5\,\mathrm{m}^3$，サンルーフの開口面積が$0.5\,\mathrm{m}^2$，サンルーフ開口部の深さが50mmのとき，ヘルムホルツの空洞共鳴の周波数を求めよ．ただし，音速は340m/sとする．

【5】 【4】でサンルーフ開口部の前後方向の長さが500mmの場合，キャビティトーンの周波数とヘルムホルツの空洞共鳴の周波数が一致するのは，速度がいくらの場合か．

引用・参考文献

1) L. Prandtl and O. G. Tietjens：Applied Hydro- and Aeromechanics, Dover Publications inc.（1934）
2) 日野幹雄：流体力学，朝倉書店（1992）
3) 今井 功：流体力学 前編，裳華房（1973）
4) 谷 一郎：流れ学 第3版，岩波書店（1967）
5) 山名正夫，中口 博：飛行機設計論，養賢堂（1969）
6) Anderson, R. F.：Determination of the characteristics of tapered wings, NACA report No.572（1936）
7) Abbott, I. H., and Von Doenhoff, A. E.：Theory of wing sections, Dover Publications, Inc.（1949）
8) Jacobs, E. N., and A. Sherman：Airfoil section characteristics as affected by variations of the Reynolds number, NACA report No.586（1937）
9) F. W. Schmitz：Aerodynamik des Flugmodels, Carl Lange Verlag Duisburg（1960）
10) 岡本正人：小型模型飛行機のための翼型特性II，日本航空宇宙学会 第11回スカイスポーツシンポジウム講演集，pp.31-34（2005）
11) Okamoto, M., Yasuda, K., and Azuma, A.：Aerodynamic Characteristics of the Wings and Body of a Dragonfly, Journal of Experimental Biology, **199**, pp.281-294（1996）
12) 松岡健次：回転翼航空機，大阪府立大学 航空機力学特論第一 テキスト（1976）
13) Adkins, C. N., and Liebeck, R. H.：Design of Optimum Propellers, Journal of Propalsion And Power, **10**, 5, pp.676-682（1994）
14) Betz, A. with appendix by Prandtle, L.：Screw Propellers with Minimum Energy Loss, Gottingen Reports, pp.193-213（1919）
15) Theodorsen, T.：Theory of Propellers, McGraw-Hills, New York（1948）
16) Goldstein, S.：On the Vortex Theory of Screw Propellers, Proceedings of the Royal Society of London, **A123**, pp.440-465（1929）
17) 牛山 泉：風車工学入門，森北出版（2002）
18) 井上雅弘，鎌田好久：流体機械の基礎，コロナ社（1989）

19) 須藤浩三編：流体機械, 朝倉書店 (1990)
20) 日本機械学会編：機械工学便覧 流体機械, 丸善 (1986)
21) 日本機械学会編：流体力学, 丸善 (2005)
22) Lighthill, M. J.: On sound generated aerodynamically Ⅰ. General theory, Proceedings of Royal Society of London, **A211**, pp.564-587 (1951)
23) Elder, S. A.: Self-excited depth-mode resonance for a wall-mounted cavity in turbulent flow, Jounal of Acoustics Society of America, **64**, 3, pp.877-890 (1978)
24) 小池　勝他：ウィンドスロップの解析, 自動車技術会論文集, **24**, 2 (1993)
25) 小池　勝：自動車に見られる空力騒音の事例, 流体熱工学研究, **37**, 2, 東海流体熱工学研究会 (2002)
26) Coltman, J. W.: Sounding Mechanism of the Fluit and Organ Pipe, Journal of Acoustical Society of America, **44**, 4 (1968)
27) DeMetz, F. C., and Farabee, T. M.: Laminar and turbulent shear flow induced cavity resonances, AIAA 4th Aeroacoustic conference, Paper **77** pp. 1293 (1977)
28) 吉田昌弘他：角に丸みをもつ角柱からのエオルス音の研究, 日本機械学会論文集 B, **69**, 681 (2003)
29) 小池　勝他：パネル上のはく離流れに伴う騒音, 日本機械学会誌 B, **62**, 593 (1996)
30) 小池　勝他：平板上の物体によるはく離流れから発生する騒音, 日本機械学会論文集 B, **64**, 619 (1998)
31) 坂尾富士彦, 谷　一郎編：第6章 流れによる音の発生, 流体力学の進歩 乱流, 丸善 (1980)
32) Curle, N.: The influence of solid boundaries upon aerodynamic sound, Proceedings of Royal Society of London, **A231**, 505 (1955)
33) 迫田正儀他：空力騒音の低減について, 自動車技術会誌, **38**, 11, (1984)
34) Powell, A.: Theory of Vortex Sound, Journal of Acoustical Society of America, **36**, 1, pp.177-195 (1964)
35) Howe, M. S.: Contribution to the theory of aerodynamic sound, with application to excess jet noise and the theory of the flute, Journal of Fluid Mechanics, **71**, 4, pp.625-673 (1975)
36) Blake, W. K.: Mechanics of Flow-Induced Sound and Vibration volume 1, Academic press inc. (1986)

演習問題解答

1章

【1】流れ関数の全微分はつぎのようになる。
$$d\psi = \frac{\partial \psi}{\partial x}dx + \frac{\partial \psi}{\partial y}dy$$

$\psi =$ const. の場合を考えると
$$d\psi = \frac{\partial \psi}{\partial x}dx + \frac{\partial \psi}{\partial y}dy = 0$$

となるので，流れ関数の定義式（1.1）を代入すると
$$d\psi = -vdx + udy = 0$$
$$\therefore \quad dx:dy = u:v$$

となり，ベクトル(dx, dy)は速度ベクトル(u, v)と同じ向きになるので，(dx, dy)は流線を表す。

【2】$n=1$の場合： $W = Az = Ax + iAy$，流線は虚部の流れ関数を一定とおけば求まるので $y =$ const. となる（**解図 1.1**（a）参照）。

$n=2$の場合： $W = A(x^2 - y^2 + i2xy)$，流線は $xy =$ const となる（**解図 1.1**（b）参照）。

$n=1/2$の場合： $W = Az^{\frac{1}{2}} = Ar^{\frac{1}{2}}\left(\cos\frac{\theta}{2} + i\sin\frac{\theta}{2}\right)$，流線は $r^{\frac{1}{2}}\sin\frac{\theta}{2} =$ const となる（**解図 1.1**（c）参照）。

【3】 $W = Az + m\log z = Ax + iAy + m\log r + mi\theta$
$$\therefore \quad \psi = \text{Im } W = Ar\sin\theta + m\theta$$

したがって $\theta = 0, \pi$ は一つの流線を表す。
$u - iv = \dfrac{\partial W}{\partial z} = A + \dfrac{m}{z}$ だから $z = -\dfrac{m}{A}$ がよどみ点となる。

よどみ点での流れ関数の値は $\pm m\pi$ だから，よどみ点を通る流線は $Ay + m\theta = \pm m\pi$ であり，これを変形すると $y = \pm\dfrac{m\pi}{A} - \dfrac{m\theta}{A}$ となる。この式で $\theta = 0$

(a) $n=1$ の場合

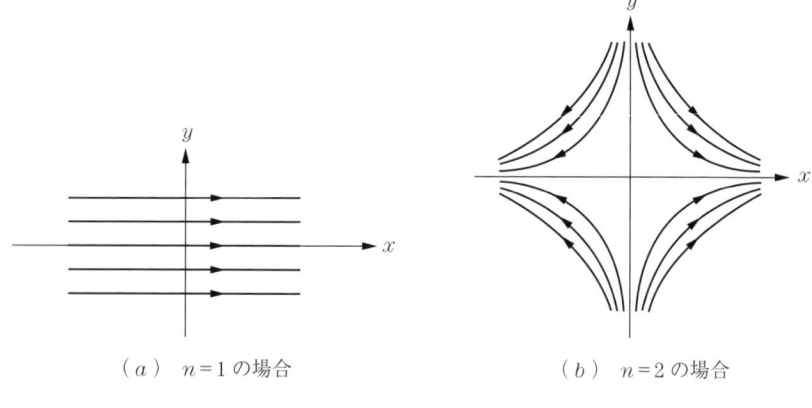

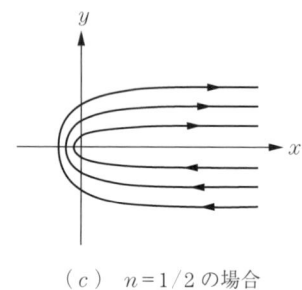

(b) $n=2$ の場合

(c) $n=1/2$ の場合

解図 1.1

とおくと $y=\pm\dfrac{m\pi}{A}$ となり，これは，よどみ点から $+x$ 方向に伸びる流線を表す。以上を総合すると，流線は**解図 1.2** のようになる。

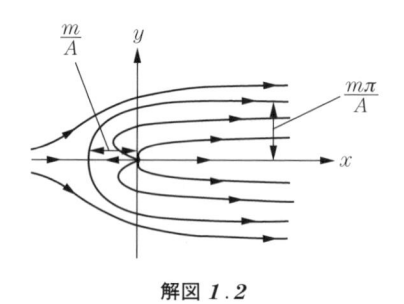

解図 1.2

【4】 **解図 1.3** 参照。

解図 *1.3*

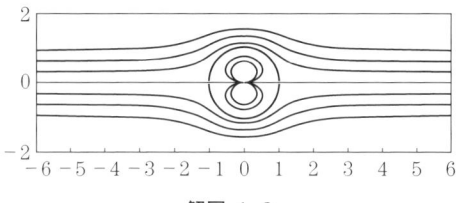

【5】 式（1.86）を用いる。ここではスパンを単位長さとしているので，今回の問題ではスパンを乗じる。
$$L = \frac{1}{2} \times 1.25 \times 5^2 \times 2 \times 3.14 \times \sin 4° \times 0.08 \times 0.4 = 0.219 \text{ N}$$

2章

【1】 揚力係数は，式（1.87）より
$$C_l = 2 \times 3.14 \times 4 \times 3.14/180 = 0.438$$
ここで a の単位は〔rad〕にすることに注意する。

誘導抵抗の計算には式（2.34） $C_{Di} = \dfrac{C_L^2}{\pi e A}$ を用いる。

$$C_{Di} = \frac{0.438^2}{\pi \times 0.98 \times 5} = 0.125$$

ここで e は図 *2.8* から 0.98 とした。

誘導迎角の計算には式（2.29）を用いる。
$$a_i = \frac{0.438}{\pi \times 5} \times \frac{180}{\pi} = 1.6°$$

【2】 e の値は図 *2.6* から，アスペクト比 1 のとき $e=1$，5 のとき $e=0.98$，10 のとき 0.94 である。

　　アスペクト比 1 のとき $C_{Di}=0.156$ 　$a_i=13°$
　　アスペクト比 5 のとき $C_{Di}=0.032$ 　$a_i=2.5°$
　　アスペクト比 10 のと $C_{Di}=0.017$ 　$a_i=1.3°$

【3】 揚抗比は滑空比と同じであるから，
$$\frac{400 \text{ km}}{8\,000 \text{ m}} = \frac{400 \text{ km}}{8 \text{ km}} = 50$$
50 以上が必要である。

【4】（1）平均翼弦長 $= \dfrac{530 \text{ m}^2}{65 \text{ m}} = 8.15 \text{ m}$

　　（2）翼のアスペクト比 $= \dfrac{65 \text{ m}}{8.15 \text{ m}} = 7.98$

（3） 離陸時の揚力係数 $=\dfrac{395\times 1\,000\times 9.8}{\dfrac{1}{2}\times 1.2\times \left(\dfrac{250}{3.6}\right)^2\times 530}=2.52$

（4） 離陸時のレイノルズ数 $=\dfrac{8.15\times \dfrac{250}{3.6}}{1.5\times 10^{-5}}=3.8\times 10^7$

（5） 巡航での揚力係数 $=\dfrac{395\times 1\,000\times 9.8}{\dfrac{1}{2}\times 0.4\times \left(\dfrac{900}{3.6}\right)^2\times 530}=0.584$

（6） 巡航でのレイノルズ数 $=\dfrac{8.15\times \dfrac{900}{3.6}}{3.6\times 10^{-5}}=5.7\times 10^7$

3章

【1】 レイノルズ数は

$$Re=\dfrac{1\times 45}{1.5\times 10^{-5}}=3\,000\,000$$

図 2.8 から $e=0.95$，主翼の形状抵抗は図 3.7 から $C_d=0.006\,7$ と読み取れる。誘導抵抗は

$$C_{di}=\dfrac{0.8^2}{\pi\times 0.95\times 20}=0.010\,7$$

主翼以外の抵抗係数は $C_{df}=0.01$ であるから，全機抵抗係数は $C_D=0.027\,4$，したがって揚抗比は 29.2 となる。高さ 100 m からは $100\times 29.2=2\,920$ m 先まで滑空できる。

【2】 レイノルズ数は

$$Re=\dfrac{0.03\times 5}{1.5\times 10^{-5}}=10\,000$$

図 2.8 から $e=0.96$，主翼の形状抵抗は図 3.12 から $C_d=0.043$ と読み取れる。誘導抵抗は

$$C_{di}=\dfrac{0.8^2}{\pi\times 0.96\times 10}=0.021$$

主翼以外の抵抗係数は $C_{df}=0.01$ であるから，全機抵抗係数は $C_D=0.074$，したがって揚抗比は 10.8 となる。高さ 100 m からは $100\times 10.8=1\,080$ m 先まで滑空できる。

4章

【1】 式 $(4.22\,a)$ と式 $(4.34\,a)$ を等値して整理すると

$$r(1+a)(2UaF) = \zeta GUW\frac{1}{\Omega}\cos\phi(1-\varepsilon\tan\phi)$$

となる。図 *4.4* からわかる式

$$W\sin\phi = (1+a)U$$

と，式 (*4.30*)，(*4.31*) を代入して整理すると

$$r(1+a)(2UaF) = \zeta F\frac{\Omega r}{U}\cos\phi\sin\phi U\frac{(1+a)U}{\sin\phi}\frac{1}{\Omega}\cos\phi(1-\varepsilon\tan\phi)$$

$$2a = \zeta\cos\phi\cos\phi(1-\varepsilon\tan\phi)$$

$$\therefore\quad a = \frac{\zeta}{2}\cos^2\phi(1-\varepsilon\tan\phi)$$

となる。式 (*4.35 b*) の導出も同様である。

【2】 式 (*4.36*) に式 (*4.35 a*)，(*4.35 b*) を代入すると

$$\tan\phi = \frac{U}{r\Omega}\frac{1+\dfrac{\zeta}{2}\cos^2\phi(1-\varepsilon\tan\phi)}{1-\dfrac{\zeta}{2x}\cos\phi\sin\phi\left(1+\dfrac{\varepsilon}{\tan\phi}\right)}$$

となる。これを ϕ について解くと

$$x\left\{\tan\phi - \frac{\zeta}{2x}\cos\phi\sin\phi(\tan\phi+\varepsilon)\right\} = 1+\frac{\zeta}{2}\cos^2\phi(1-\varepsilon\tan\phi)$$

$$x\tan\phi - \frac{\zeta}{2}\cos\phi\sin\phi(\tan\phi+\varepsilon) = 1+\frac{\zeta}{2}\cos^2\phi(1-\varepsilon\tan\phi)$$

$$x\tan\phi = 1+\frac{\zeta}{2}(\sin^2\phi+\varepsilon\cos\phi\sin\phi+\cos^2\phi-\varepsilon\cos\phi\sin\phi)$$

$$x\tan\phi = 1+\frac{\zeta}{2}$$

$$\therefore\quad \tan\phi = \left(1+\frac{\zeta}{2}\right)\frac{1}{x} = \left(1+\frac{\zeta}{2}\right)\frac{\lambda}{\xi}$$

【3】 図 *4.4* から

$$W = \frac{(1-a')\Omega r}{\cos\phi}$$

がわかる。この式と式 (*4.29*) を式 (*4.23*) に代入すると

$$L' = B\rho\frac{(1-a')\Omega r}{\cos\phi}\frac{2\pi U^2\zeta G}{B\Omega} = 2\pi\rho\frac{rU^2\zeta G}{\cos\phi}(1-a') \qquad (1)$$

L' の独立変数を，r から無次元半径 ξ に変換すると

$$L' = \frac{dL}{dr} = \frac{dL}{d\xi}\frac{d\xi}{dr} = \frac{1}{R}\frac{dL}{d\xi}$$

であるから，式 (*1*) の変数を ξ に変更し，さらに a' に式 (*4.35 b*) を代入して

154　演習問題解答

$$L' = \frac{dL}{d\xi} = 2\pi\rho \frac{RrU^2\zeta G}{\cos\phi}\left\{1 - \frac{\zeta}{2x}\cos\phi\sin\phi\left(1 + \frac{\varepsilon}{\tan\phi}\right)\right\}$$

となる。これを式 (4.33 a) に代入すると

$$T' = 2\pi\rho RrU^2\zeta G\left\{1 - \frac{\zeta}{2x}\cos\phi\sin\phi\left(1 + \frac{\varepsilon}{\tan\phi}\right)\right\}(1 - \varepsilon\tan\phi)$$

これを式 (4.3) に代入して無次元化すると

$$T_c = 4\frac{r}{R}\zeta G\left\{1 - \frac{\zeta}{2x}\cos\phi\sin\phi\left(1 + \frac{\varepsilon}{\tan\phi}\right)\right\}(1 - \varepsilon\tan\phi)$$

$$= 4\xi G(1 - \varepsilon\tan\phi)\zeta - 4\xi G(1 - \varepsilon\tan\phi)\frac{\lambda}{2\xi}\cos\phi\sin\phi\left(1 + \frac{\varepsilon}{\tan\phi}\right)\zeta^2$$

$$= I'_1\zeta - I'_2\zeta^2$$

これで式 (4.44 a) が導出できた。式 (4.44 b) も同様である。

【4】進行率が大きくなると，最適プロペラのピッチ角 β が増加する。
　　数値計算は **4.6.1** 項にならい，実施すること。

【5】推力とトルクは増加する。

5 章

【1】$\dfrac{u_1}{U}$ を x とおくと，パワー係数は

$$P_c = \frac{1}{2}(1+x)(1-x^2) = \frac{1}{2}(-x^3 - x^2 + x + 1)$$

となる。これを x で微分すると

$$\frac{dP_c}{dx} = \frac{1}{2}(-3x^2 - 2x + 1) = \frac{1}{2}(1 - 3x)(1 + x)$$

となる。$x = -1$ はあり得ない。$x = 1/3$ のときパワー係数は最大となり

$$P_c = \frac{1}{2}\left(1 + \frac{1}{3}\right)\left(1 - \frac{1}{9}\right) = \frac{16}{27} = 0.593$$

【2】速度比は風速とトルク（負荷）のバランスによって変化する。風速が決まっていると仮定してトルクを増やすと回転速度が低下する。

【3】ピッチ角 β を増やすと最適な回転速度が低下するので，最適な周速比が減少する。

6 章

【1】式 (6.2) は，つぎのようになる。

演習問題解答　　*155*

$$P_F = (P_2 - P_1) + \frac{1}{2}\rho V_2^2 + \frac{1}{2}\rho V^2 \zeta$$

$(P_2 - P_1)$ は 1 mm 水柱だから 10 Pa，流量は 120 m³/min＝2 m³/s，ダクト内の平均流速は流量/断面積だから 2/0.2＝10 m/s となる。したがって，圧力損失は

$$P_l = \frac{1}{2}\rho V^2 \zeta = \frac{1}{2} \times 1.25 \times 10^2 \times 0.2 = 12.5 \text{ Pa}$$

したがって

$$P_F = 10 + \frac{1}{2} \times 1.25 \times 10^2 + 12.5 = 85 \text{ Pa}$$

パワーは

$$L = P_F Q = 85 \times 2 = 170 \text{ W}$$

電力は

$$L/\eta = 170/0.4 = 425 \text{ W}$$

【2】 $H_{pump} = H + \frac{1}{2g}V_d^2 + H_l$ を使う。

流量 $Q = 12$ m³/min＝0.2 m³/s

管の断面積が 0.1 m² だから直径は $d = 0.36$ m

流速 V＝流量/断面積＝0.2/0.1＝2 m/s

レイノルズ数は $Re = 0.36 \times 2/(1.00 \times 10^{-6}) = 7.2 \times 10^5$

したがって，損失係数はニクラーゼの式を使って

$$\lambda = 0.003\,2 + 0.221 \times 720\,000^{-0.237} = 0.012\,2$$

損失水頭は

$$h_l = \lambda \frac{l}{d} \frac{V^2}{2g} = 0.012\,2 \times \frac{10}{0.36} \times \frac{2^2}{2 \times 9.8} = 0.069 \text{ m}$$

したがって，ポンプの水頭は

$$H_{pump} = H + \frac{1}{2g}V_d^2 + H_l = 10 + \frac{1}{2 \times 9.8} \times 2^2 + 0.069 = 10.27 \text{ m}$$

水動力は

$$L = \rho g H_{pump} Q = 1\,000 \times 9.8 \times 10.27 \times 0.2 = 20\,130 \text{ W} = 20.13 \text{ kW}$$

電力は 20.13/0.4＝50.33 kW となる。

【3】 入口と出口で流量が同じだから

$$R_1 V_{1a} = R_2 V_{2a}$$

が成立する。

【4】 回転角速度は

$$\omega = 1\,000 \times \frac{2\pi}{60} = 105 \text{ rad/s}$$

であるから

$$U_2 = R_2\omega = 0.2 \times 105 = 21 \text{ m/s}$$
$$U_1 = R_1\omega = 0.1 \times 105 = 10.5 \text{ m/s}$$

$\alpha_1 = 45°$ だから

$$V_{1a} = V_{1u} = 7 \times \sin 45° = 4.95 \text{ m/s}$$

したがって，$W_1 = 7.44$ m/s となる。

【3】の式から $V_{2a} = \dfrac{V_{1a}}{2} = 2.475$ m/s

$\alpha_2 = 10°$ だから

$$V_2 = \frac{V_{2a}}{\sin 10°} = 14.25 \text{ m/s}$$

したがって，$W_2 = 7.40$ m/s となる。
これらを式 (6.21) に代入すると

$$H_{th} = \frac{1}{2g}(U_2^2 - U_1^2) + \frac{1}{2g}(V_2^2 - V_1^2) - \frac{1}{2g}(W_2^2 - W_1^2)$$

$$= \frac{1}{2 \times 9.8}\{(21^2 - 10.5^2) + (14.25^2 - 7^2) - (7.40^2 - 5.35^2)\} = 23.4 \text{ m}$$

【5】 $r = 0.15$ m における周速度は

$$U = r\omega = 0.15 \times \frac{1\,000}{60} \times 2 \times \pi = 15.7 \text{ m/s}$$

$V_1 = V_{1a} = 7$ m/s だから連続式より $V_{2a} = 7$ m/s, $\alpha_2 = 45°$ であり，$V_2 = V_{2a}/\sin 45° = 9.9$ m/s, $W_1 = \sqrt{V_{1a}^2 + U^2} = 17.2$ m/s, 出口での速度三角形より $W_2 = 11.2$ m/s となる。以上を式 (6.37) に代入して

$$H_{th} = \frac{1}{2g}(V_2^2 - V_1^2) - \frac{1}{2g}(W_2^2 - W_1^2)$$

$$= \frac{1}{2 \times 9.8}(9.9^2 - 7^2 - 11.2^2 + 17.2^2) = 11.2 \text{ m}$$

7章

【1】 $f\left(t - \dfrac{x}{c}\right)$ を式 (7.10) に代入すると

$$\frac{\partial^2 f}{\partial t^2} - \frac{K}{\rho}\frac{\partial^2 f}{\partial x^2} = f'' - \frac{K}{\rho}\frac{1}{c^2}f'' \tag{1}$$

式 (7.12) より式 (1) は 0 になり，式 (7.10) の特解である。
$g(t + x/c)$ を式 (7.10) に代入しても同様に 0 になるので，これも特解で

ある。したがって，式（7.11）は一般解である。

【2】 一つのスピーカーが作動している場合，観測点での音の強さのレベルは 50 dB だから

$$50 = 10 \log_{10} \frac{I_1}{I_0}$$

と書ける。したがって，音の強さは

$$I_1 = I_0 \times 10^5 \text{ W}$$

である。スピーカを二つにした場合の音の強さ I_2 は，一つの場合の 2 倍になるから

$$I_2 = 2I_1 = 2I_0 \times 10^5$$

したがって，音の強さのレベルは

$$L_2 = 10 \log_{10} \frac{2I_0 \times 10^5}{I_0} = 50 + 10 \log 2 = 53 \text{ dB}$$

となる。この計算からわかるように，音の強さに関係なく，エネルギーが 2 倍になれば 3 dB 増える。

【3】 それぞれ単独での音の強さは

$$I_A = I_0 10^{\frac{50}{10}}, \qquad I_B = I_0 10^{\frac{55}{10}}$$

である。したがって，両方作動させた場合の音の強さのレベルは

$$L_{A+B} = 10 \log_{10} \frac{I_A + I_B}{I_0} = 10 \log_{10}(10^5 + 10^{5.5}) = 56.2 \text{ dB}$$

となる。

【4】 式（7.25）より $L' = 0.05 + 0.96\sqrt{0.5} = 0.72$

式（7.24）より $f_h = \dfrac{340}{2\pi} \sqrt{\dfrac{0.5}{0.72 \times 4.5}} = 21 \text{ Hz}$

【5】 キャビティトーンの周波数は，式（7.37）に開口部の長さ 0.5 m を代入して $f = \dfrac{0.6U}{0.5} = 1.2U$ となる。これが【4】の周波数に等しいとおいて，$U = \dfrac{21}{1.2} = 17.5 \text{ m/s} = 63 \text{ km/h}$ となる。

索　引

【あ】
圧力損失　　　　　104, 118
圧力中心　　　　　　　　41
圧力抵抗　　　　　　　　44

【い】
位　相　　　　　　　　128
位相定数　　　　　　　129
一様流　　　　　　　　　3
一般運動量理論　　　　　63
移流速度　　　　　　　　66

【う】
渦　糸　　　　　　　　　4
渦　度　　　　　　　　　4
渦　輪　　　　　　　　27
運動量の方程式　　　　　63

【え】
エオリアントーン　　　137
エオリアンハープ　　　137
エッジトーン　　　　　136
遠距離場　　　　　　　142
遠心送風機　　　　　　109
遠心ポンプ　　　　　　108
円　柱　　　　　　　　　7

【お】
オイラーヘッド　　　　110
音のエネルギー　　　　133
音の強さ　　　　　　　134
音の強さのレベル　　　134
音圧レベル　　　　　　132
音　速　　　　　　　　125

音　波　　　　　　　　121

【か】
開　管　　　　　　　　130
回転速度　　　　　　　　57
回転翼　　　　　　　　　56
角周波数　　　　　　　128
角速度　　　　　　　　　56
可変圧力風洞　　　　　　47
カールの理論　　　　　143
カルマン渦列　　　　　137
干渉係数　　　　　　　　63
管摩擦係数　　　　　　119

【き】
偽　音　　　　　　　　141
幾何迎角　　　　　　　　32
気柱共鳴　　　　　　　130
キャビティ　　　　　　136
キャビティトーン　　　136
キャンバ　　　　　　40, 42
キャンバライン　　　40, 43
球面音波　　　　　　　127
球面波　　　　　　　　127
共鳴周波数　　　　　　130
極曲線　　　　　　　　　41
局所揚力係数　　　　　　70

【く】
空力音響学　　　　　　121
空力騒音　　　　　121, 135
空力中心　　　　　　　　41
クッタ・ジューコフスキー
　の定理　　　　　　　　10
クッタの条件　　　　　　20

【け】
迎　角　　　　　　　22, 36
ケルビンの循環定理　26, 40

【こ】
後　縁　　　　　　　　　18
高調波　　　　　　　　130
効　率　　　　　　　57, 83
固有音響抵抗　　　　　126
コンパクト音源　　　　142

【さ】
最適プロペラ　　　　　　65
サイン波　　　　　　　128
3次元翼　　　　　　　　25
サンルーフ　　　　　　136

【し】
軸動力　　　　　　　　　56
軸流送風機　　　　　　112
軸流ポンプ　　　　　　108
四重極子音源　　　　　146
実効音圧　　　　　　　132
実効値　　　　　　　　132
自由渦　　　　　　　　　5
縦横比　　　　　　　　　35
周　期　　　　　　　　128
周速比　　　　　　　　　82
周波数　　　　　　　　128
ジューコフスキー変換　　17
出発渦　　　　　　　　　23
主翼面積　　　　　　　　41
主流速度　　　　　　　　41
純　音　　　　　　　　132

循環	5	ディフレクタ	136	プロペラ	56
進行率	57	【と】		プロペラディスク	58
振動数	128	等角写像	16	【へ】	
振幅	128	特性曲線	105	閉管	129
【す】		トルク	56	平板	15
吸込み	3	【な】		平面音波	124
水頭	114	流れ関数	1	ベッツの限界	85
随伴渦	29	【に】		ベッツの条件	65
水平軸型風車	82	2次元翼	36	ベルヌーイの定理	9
推力	56	二重湧出し	6	ヘルムホルツの渦定理	27
推力係数	57	【は】		ヘルムホルツの空洞共鳴器	131
ストローハル数	138	媒質	121	【ほ】	
スリップストリーム	58	パウエル・ハウの理論	144	膨張度	123
【せ】		波数	126	ポーラダイアグラム	41
正弦音波	128	波長	126	ホールトーン	137
設計点	73, 94	波動方程式	124	ポンプ	104
前縁	18, 40	パネル振動音	139	【ま】	
前縁半径	43	パワー	57	マグヌス効果	10
【そ】		パワー係数	57, 90	摩擦損失	118
双極子音源	146	【ひ】		摩擦抵抗	44
送風機	104	ビオ・サバールの法則	29	【み】	
速度三角形	110	ヒステリシス	48	水動力	108
速度ポテンシャル	1	比速度	118	【も】	
束縛渦	23	【ふ】		モーメント係数	41
損失係数	71	フィギュア オブ メリット	62	【ゆ】	
【た】		風圧中心	41	有害抵抗	45
体積弾性率	123	風車	82	誘起速度	31
楕円翼	36	吹下ろし	31	有効迎角	32
ダランベールのパラドックス	9	複素速度	2	誘導迎角	32
ダルシー・ワイスバッハの式	119	複素速度ポテンシャル	1	誘導速度	31
単極子音源	146	複素平面	1	誘導抵抗	32, 44
単純運動量理論	61	ブラジウスの第1公式	13	【よ】	
【て】		ブラジウスの第2公式	13	揚抗曲線	41
抵抗	9	フラッタ	138	揚程	108
抵抗係数	41, 90	プラントルの積分方程式	33	揚力	1
定在波	129				

揚力傾斜	21	**【ら】**		**【る】**	
揚力係数	21, 41	ライトヒルの理論	141	ルートミーンスクエア	133
揚力線	29	らせん渦面	65	ルーフキャリア	137
揚力線理論	29	乱流騒音	139	**【れ】**	
翼厚	40, 42	**【り】**		レイノルズ数	41, 46
翼型	24	粒子速度	122	連成	140
翼型抵抗	45	流線	3	**【わ】**	
翼弦長	32, 40	流力騒音	121	湧出し	3
翼端渦	29	臨界レイノルズ数	55		
翼素理論	62, 89				
翼幅効率	37				

【N】

NACA 4 字系列　　43

―― 著者略歴 ――

1976年　大阪府立大学工学部数理工学科卒業
1979年　大阪府立大学大学院修士課程修了（機械工学専攻）
1979年　三菱自動車工業株式会社勤務
1998年　博士（工学）（九州大学）
2005年　明石工業高等専門学校教授
2010年　大阪工業大学教授
2018年　大阪工業大学定年退職

流体機械工学
Fluid Machinery Engineering　　　　　　　　　　　Ⓒ Masaru Koike　2009

2009年 9月28日　初版第1刷発行
2018年 9月20日　初版第5刷発行

著　者	小　池　　　勝	
発　行　者	株式会社　　コロナ社	
	代　表　者　　牛来真也	
印　刷　所	新日本印刷株式会社	
製　本　所	有限会社　　愛千製本所	

検印省略

112-0011　東京都文京区千石 4-46-10
発　行　所　株式会社　コロナ社
CORONA PUBLISHING CO., LTD.
Tokyo Japan
振替00140-8-14844・電話(03)3941-3131(代)
ホームページ　http://www.coronasha.co.jp

ISBN 978-4-339-04474-4　C3353　Printed in Japan　　　　　（岩崎）

JCOPY　＜出版者著作権管理機構　委託出版物＞
本書の無断複製は著作権法上での例外を除き禁じられています。複製される場合は，そのつど事前に，出版者著作権管理機構（電話 03-3513-6969，FAX 03-3513-6979，e-mail: info@jcopy.or.jp）の許諾を得てください。

本書のコピー，スキャン，デジタル化等の無断複製・転載は著作権法上での例外を除き禁じられています。購入者以外の第三者による本書の電子データ化及び電子書籍化は，いかなる場合も認めていません。
落丁・乱丁はお取替えいたします。

メカトロニクス教科書シリーズ

(各巻A5判，欠番は品切です)

■編集委員長　安田仁彦
■編集委員　末松良一・妹尾允史・高木章二
　　　　　　藤本英雄・武藤高義

配本順			頁	本体
1.(18回)	新版 メカトロニクスのための **電子回路基礎**	西堀賢司著	220	3000円
2.(3回)	メカトロニクスのための **制御工学**	高木章二著	252	3000円
3.(13回)	**アクチュエータの駆動と制御(増補)**	武藤高義著	200	2400円
4.(2回)	**センシング工学**	新美智秀著	180	2200円
5.(7回)	**ＣＡＤとＣＡＥ**	安田仁彦著	202	2700円
6.(5回)	**コンピュータ統合生産システム**	藤本英雄著	228	2800円
7.(16回)	**材料デバイス工学**	妹尾允史・伊藤智徳共著	196	2800円
8.(6回)	**ロボット工学**	遠山茂樹著	168	2400円
9.(17回)	**画像処理工学(改訂版)**	末松良一・山田宏尚共著	238	3000円
10.(9回)	**超精密加工学**	丸井悦男著	230	3000円
11.(8回)	**計測と信号処理**	鳥居孝夫著	186	2300円
13.(14回)	**光工学**	羽根一博著	218	2900円
14.(10回)	**動的システム論**	鈴木正之他著	208	2700円
15.(15回)	メカトロニクスのための **トライボロジー入門**	田中勝之・川久保洋二共著	240	3000円
16.(12回)	メカトロニクスのための **電磁気学入門**	高橋裕著	232	2800円

定価は本体価格+税です。
定価は変更されることがありますのでご了承下さい。

図書目録進呈◆

ロボティクスシリーズ

(各巻A5判)

- ■編集委員長　有本　卓
- ■幹　　　事　川村貞夫
- ■編集委員　　石井　明・手嶋教之・渡部　透

配本順		書名	著者	頁	本体
1.	(5回)	ロボティクス概論	有本　卓編著	176	2300円
2.	(13回)	電気電子回路 ―アナログ・ディジタル回路―	杉田　進／山中克彦／小西　聡 共著	192	2400円
3.	(12回)	メカトロニクス計測の基礎	石井　明／木股雅章／金　　透 共著	160	2200円
4.	(6回)	信号処理論	牧川方昭著	142	1900円
5.	(11回)	応用センサ工学	川村貞夫編著	150	2000円
6.	(4回)	知能科学 ―ロボットの"知"と"巧みさ"―	有本　卓著	200	2500円
7.		メカトロニクス制御	平井慎一／坪内孝司／秋下貞夫 共著		
8.	(14回)	ロボット機構学	永井　清／土橋宏規 共著	140	1900円
9.		ロボット制御システム	玄　相昊編著		
10.	(15回)	ロボットと解析力学	有本　卓／田原健二 共著	204	2700円
11.	(1回)	オートメーション工学	渡部　透著	184	2300円
12.	(9回)	基礎 福祉工学	手嶋教之／米本清／相川佐訓／相良朗／糟谷紀夫 共著	176	2300円
13.	(3回)	制御用アクチュエータの基礎	川野田早松／野方所浦／田川／早松 共著	144	1900円
14.	(2回)	ハンドリング工学	平井慎一／若松栄史 共著	184	2400円
15.	(7回)	マシンビジョン	石井　明／斉藤文彦 共著	160	2000円
16.	(10回)	感覚生理工学	飯田健夫著	158	2400円
17.	(8回)	運動のバイオメカニクス ―運動メカニズムのハードウェアとソフトウェア―	牧川方昭／吉田正樹 共著	206	2700円
18.		身体運動とロボティクス	川村貞夫編著		

定価は本体価格+税です。
定価は変更されることがありますのでご了承下さい。

◆図書目録進呈◆

機械系 大学講義シリーズ

（各巻A5判，欠番は品切です）

- ■編集委員長　藤井澄二
- ■編集委員　臼井英治・大路清嗣・大橋秀雄・岡村弘之
　　　　　　黒崎晏夫・下郷太郎・田島清灝・得丸英勝

配本順			頁	本体
1.(21回)	材料力学	西谷弘信著	190	2300円
3.(3回)	弾性学	阿部・関根共著	174	2300円
5.(27回)	材料強度	大路・中井共著	222	2800円
6.(6回)	機械材料学	須藤一著	198	2500円
9.(17回)	コンピュータ機械工学	矢川・金山共著	170	2000円
10.(5回)	機械力学	三輪・坂田共著	210	2300円
11.(24回)	振動学	下郷・田島共著	204	2500円
12.(26回)	改訂 機構学	安田仁彦著	244	2800円
13.(18回)	流体力学の基礎（1）	中林・伊藤・鬼頭共著	186	2200円
14.(19回)	流体力学の基礎（2）	中林・伊藤・鬼頭共著	196	2300円
15.(16回)	流体機械の基礎	井上・鎌田共著	232	2500円
17.(13回)	工業熱力学（1）	伊藤・山下共著	240	2700円
18.(20回)	工業熱力学（2）	伊藤猛宏著	302	3300円
19.(7回)	燃焼工学	大竹・藤原共著	226	2700円
20.(28回)	伝熱工学	黒崎・佐藤共著	218	3000円
21.(14回)	蒸気原動機	谷口・工藤共著	228	2700円
22.	原子力エネルギー工学	有冨・齊藤著		
23.(23回)	改訂 内燃機関	廣安・寶諸・大山共著	240	3000円
24.(11回)	溶融加工学	大・中・荒木共著	268	3000円
25.(25回)	工作機械工学（改訂版）	伊東・森脇共著	254	2800円
27.(4回)	機械加工学	中島・鳴瀧共著	242	2800円
28.(12回)	生産工学	岩田・中沢共著	210	2500円
29.(10回)	制御工学	須田信英著	268	2800円
30.	計測工学	山本・宮城・白田・高辻・榊原共著		
31.(22回)	システム工学	足立・酒井・髙橋・飯國共著	224	2700円

定価は本体価格＋税です。
定価は変更されることがありますのでご了承下さい。

図書目録進呈◆

技術英語・学術論文書き方関連書籍

ネイティブスピーカーも納得する技術英語表現
福岡俊道・Matthew Rooks 共著
A5／240頁／本体3,100円／並製

科学英語の書き方とプレゼンテーション（増補）
日本機械学会 編／石田幸男 編著
A5／208頁／本体2,300円／並製

続 科学英語の書き方とプレゼンテーション
－スライド・スピーチ・メールの実際－
日本機械学会 編／石田幸男 編著
A5／176頁／本体2,200円／並製

マスターしておきたい 技術英語の基本
－決定版－
Richard Cowell・佘　錦華 共著
A5／220頁／本体2,500円／並製

いざ国際舞台へ！ 理工系英語論文と口頭発表の実際
富山真知子・富山　健 共著
A5／176頁／本体2,200円／並製

科学技術英語論文の徹底添削
－ライティングレベルに対応した添削指導－
絹川麻理・塚本真也 共著
A5／200頁／本体2,400円／並製

技術レポート作成と発表の基礎技法（改訂版）
野中謙一郎・渡邉力夫・島野健仁郎・京相雅樹・白木尚人 共著
A5／166頁／本体2,000円／並製

Wordによる論文・技術文書・レポート作成術
－Word 2013/2010/2007 対応－
神谷幸宏 著
A5／138頁／本体1,800円／並製

知的な科学・技術文章の書き方
－実験リポート作成から学術論文構築まで－
中島利勝・塚本真也 共著
A5／244頁／本体1,900円／並製
日本工学教育協会賞（著作賞）受賞

知的な科学・技術文章の徹底演習
塚本真也 著
A5／206頁／本体1,800円／並製
工学教育賞（日本工学教育協会）受賞

定価は本体価格+税です。
定価は変更されることがありますのでご了承下さい。

図書目録進呈◆

機械系教科書シリーズ

(各巻A5判，欠番は品切です)

■編集委員長　木本恭司
■幹　　事　　平井三友
■編集委員　青木　繁・阪部俊也・丸茂榮佑

	配本順			頁	本体
1.	(12回)	機械工学概論	木本恭司 編著	236	2800円
2.	(1回)	機械系の電気工学	深野あづさ 著	188	2400円
3.	(20回)	機械工作法(増補)	平井三友・和田任弘・塚本晃久 共著	208	2500円
4.	(3回)	機械設計法	三田純義・朝比奈奎一・黒田孝春・山口健二・川北和明・井村誠孝 共著	264	3400円
5.	(4回)	システム工学	古荒吉浜 克徳恵己洋蔵 共著	216	2700円
6.	(5回)	材料学	久保井原 保井原 共著	218	2600円
7.	(6回)	問題解決のための Cプログラミング	佐中 藤村 次男理一郎 共著	218	2600円
8.	(7回)	計測工学	前木押 田村田 良一至州 昭郎啓秀 共著	220	2700円
9.	(8回)	機械系の工業英語	牧生 野水橋 雅俊之 共著	210	2500円
10.	(10回)	機械系の電子回路	髙阪 黒部 晴俊 榮恭也雄忠 共著	184	2300円
11.	(9回)	工業熱力学	丸木 茂本 共著	254	3000円
12.	(11回)	数値計算法	藪伊 藤田 司悸男司 共著	170	2200円
13.	(13回)	熱エネルギー・環境保全の工学	井木山 本﨑坂 民恭友紀雄光彦 共著	240	2900円
15.	(15回)	流体の力学	坂坂 田本 紘二剛夫誠 共著	208	2500円
16.	(16回)	精密加工学	田明 口石村山 靖 共著	200	2400円
17.	(17回)	工業力学	吉来 内 共著	224	2800円
18.	(18回)	機械力学	青木繁 著	190	2400円
19.	(29回)	材料力学(改訂版)	中島正貴 著	216	2700円
20.	(21回)	熱機関工学	越老吉 智固本阪 敏潔隆俊賢 明一光也弘一彦 共著	206	2600円
21.	(22回)	自動制御	部田川 田野松 俊恭弘順洋敏 共著	176	2300円
22.	(23回)	ロボット工学	早欅矢重 明一男 共著	208	2600円
23.	(24回)	機構学	大 共著	202	2600円
24.	(25回)	流体機械工学	小池勝 著	172	2300円
25.	(26回)	伝熱工学	丸矢牧 茂尾野 榮佑匡永州秀 共編著	232	3000円
26.	(27回)	材料強度学	境田彰芳 編著	200	2600円
27.	(28回)	生産工学 —ものづくりマネジメント工学—	本位田皆川 光重健多郎 共著	176	2300円
28.		CAD／CAM	望月達也 著		

定価は本体価格+税です。
定価は変更されることがありますのでご了承下さい。

図書目録進呈◆